A JORNADA *LEAN* NA ACREDITAÇÃO HOSPITALAR

Editora Appris Ltda.
1.ª Edição - Copyright© 2024 da autora
Direitos de Edição Reservados à Editora Appris Ltda.

Nenhuma parte desta obra poderá ser utilizada indevidamente, sem estar de acordo com a Lei nº
9.610/98. Se incorreções forem encontradas, serão de exclusiva responsabilidade de seus organizadores. Foi realizado o Depósito Legal na Fundação Biblioteca Nacional, de acordo com as Leis nos
10.994, de 14/12/2004, e 12.192, de 14/01/2010.

Catalogação na Fonte
Elaborado por: Dayanne Leal Souza
Bibliotecária CRB 9/2162

P936j
2024
	Prestes, Andréa
	    A jornada Lean na acreditação hospitalar / Andréa Prestes. – 1. ed. –
	Curitiba: Appris, 2024.
	    149 p.: il.; 21 cm. (Coleção Multidisciplinaridade em Saúde e Humanidades).
	
	    Inclui referências.
	    ISBN 978-65-250-6311-9
	
	    1. Saúde. 2. Hospitais - Administração. 3. Gestão hospitalar. I. Prestes,
	Andréa. II. Título. III. Série.
	
	                                   CDD – 614

Livro de acordo com a normalização técnica Vancouver

Appris editora

Editora e Livraria Appris Ltda.
Av. Manoel Ribas, 2265 – Mercês
Curitiba/PR – CEP: 80810-002
Tel. (41) 3156 - 4731
www.editoraappris.com.br

Printed in Brazil
Impresso no Brasil

Andréa Prestes

A JORNADA *LEAN* NA ACREDITAÇÃO HOSPITALAR

FICHA TÉCNICA

EDITORIAL
Augusto Coelho
Sara C. de Andrade Coelho

COMITÊ EDITORIAL
Ana El Achkar (Universo/RJ)
Andréa Barbosa Gouveia (UFPR)
Antonio Evangelista de Souza Netto (PUC-SP)
Belinda Cunha (UFPB)
Délton Winter de Carvalho (FMP)
Edson da Silva (UFVJM)
Eliete Correia dos Santos (UEPB)
Erineu Foerste (UFES)
Erineu Foerste (Ufes)
Fabiano Santos (UERJ-IESP)
Francinete Fernandes de Sousa (UEPB)
Francisco Carlos Duarte (PUCPR)
Francisco de Assis (Fiam-Faam-SP-Brasil)
Gláucia Figueiredo (UNIPAMPA/ UDELAR)
Jacques de Lima Ferreira (UNOESC)
Jean Carlos Gonçalves (UFPR)
José Wálter Nunes (UnB)
Junia de Vilhena (PUC-RIO)
Lucas Mesquita (UNILA)
Márcia Gonçalves (Unitau)
Maria Aparecida Barbosa (USP)
Maria Margarida de Andrade (Umack)
Marilda A. Behrens (PUCPR)
Marília Andrade Torales Campos (UFPR)
Marli Caetano
Patrícia L. Torres (PUCPR)
Paula Costa Mosca Macedo (UNIFESP)
Ramon Blanco (UNILA)
Roberta Ecleide Kelly (NEPE)
Roque Ismael da Costa Güllich (UFFS)
Sergio Gomes (UFRJ)
Tiago Gagliano Pinto Alberto (PUCPR)
Toni Reis (UP)
Valdomiro de Oliveira (UFPR)

SUPERVISOR DA PRODUÇÃO
Renata Cristina Lopes Miccelli

PRODUÇÃO EDITORIAL
Sabrina Costa

REVISÃO
Débora Sauaf

DIAGRAMAÇÃO
Andrezza Libel

CAPA
Carlos Pereira

REVISÃO DE PROVA
Bruna Santos

COMITÊ CIENTÍFICO DA COLEÇÃO MULTIDISCIPLINARIDADES EM SAÚDE E HUMANIDADES

DIREÇÃO CIENTÍFICA
Dr.ª Márcia Gonçalves (Unitau)

CONSULTORES
Lilian Dias Bernardo (IFRJ)

Taiuani Marquine Raymundo (UFPR)

Tatiana Barcelos Pontes (UNB)

Janaína Doria Líbano Soares (IFRJ)

Rubens Reimao (USP)

Edson Marques (Unioeste)

Maria Cristina Marcucci Ribeiro (Unian-SP)

Maria Helena Zamora (PUC-Rio)

Aidecivaldo Fernandes de Jesus (FEPI)

Zaida Aurora Geraldes (Famerp)

AGRADECIMENTOS

Gratidão é o que nos sustenta. É que nos faz ver a grandeza da vida, da oportunidade de aprender e ensinar todos os dias. É com esse pensamento que direciono minha gratidão:

Agradeço imensamente a Deus, pelo fortalecimento, o amparo e a coragem a cada novo amanhecer.

Agradeço aos meus pais, que me deram a vida, amor e uma base sólida para que eu fosse capaz de construir o meu próprio caminho.

Gratidão ao Rodrigo, meu marido e companheiro de jornada que está o tempo todo ao meu lado, com muito amor e carinho, me ouvindo e sendo um apoio constante.

Agradeço às minhas irmãs, por serem parte da minha vida para além dos laços familiares, pois são minhas amigas. Gratidão a toda minha família, pelo amor e apoio.

Agradeço aos meus amigos, os de perto e os de longe, que estão sempre presentes nos meus dias. Agradeço, especialmente, ao meu amigo-irmão Tonny, que me incentivou muito para que este livro fosse escrito e me apoiou no caminho.

Agradeço aos meus mestres, que foram essenciais na construção do conhecimento.

Agradeço aos profissionais com os quais tive a oportunidade de trabalhar ao longo da minha trajetória, aos hospitais onde atuei na direção direta e na consultoria que me permitiram contribuir e aprender.

Agradeço aos profissionais que contribuíram de forma genuína para as pesquisas que foram a base desta obra.

Por fim, agradeço a mim mesma, por ter buscado e encontrado a motivação diária para continuar, por ter acreditado que era possível, por ter dado o meu melhor e por compreender que a construção deste livro faz parte de um processo próprio de melhoria contínua da Andréa - profissional, pessoa, professora, estudante e uma grande entusiasta da melhoria contínua em saúde.

Gratidão!

"O que nos trouxe até aqui será capaz de nos levar adiante? Como profissionais dedicados à incessante melhoria dos serviços de saúde, é crucial buscarmos constantemente o aprimoramento de nossas habilidades e conhecimentos. Acredito firmemente que o desenvolvimento pessoal e profissional, é elemento essencial que sustenta a melhoria contínua das organizações de saúde e impacta positivamente o cuidado prestado às pessoas."

Andréa Prestes

APRESENTAÇÃO

A acreditação de organizações prestadoras de cuidados de saúde tem já uma longa história, embora nem sempre consensual. É um processo moroso, exigente e dispendioso, que requer o envolvimento de muitos dos profissionais se queremos que seja, de facto, efetivo.

A evidência divide-se depois quanto à efetividade e à relação custo-efetividade do processo. Depende, por exemplo, dos indicadores escolhidos para avaliar, e a acreditação pode exigir um período alargado de tempo até que os resultados sejam visíveis.

O que parece, no entanto, razoável de aceitar é que a sujeição de uma instituição a um processo desta natureza tem pelo menos o benefício de despertar toda uma organização para a importância da qualidade dos cuidados prestados.

A aplicação de metodologias *lean* em organizações prestadoras de cuidados de saúde, por outro lado, é talvez mais recente, mas igualmente importante. Há, inevitavelmente, desperdício na área da saúde, e, num contexto de escassez de recursos, este desperdício é difícil de aceitar.

Como é habitual, é raro que a gestão das organizações pense na natural ligação entre estas duas áreas da qualidade, e habitual que as instituições trabalhem separadamente em cada uma, com um provável subaproveitamento de recursos, com eventuais duplicações e não aproveitando, pelo contrário, eventuais sinergias. O carácter inovador deste trabalho passa exatamente por aqui: não é razoável que estruturas com fins complementares trabalhem de costas voltadas, não sabendo, muitas vezes, o que os outros estão a fazer e não fazendo o melhor aproveitamento dos recursos disponíveis.

A Andréa tem o mérito de ter tido essa ideia, fruto certamente da sua extensa experiência na área. Especialista em *lean* healthcare e Master Black Belt nas metodologias *Lean* Six Sigma, tem experiência de gestão em unidades hospitalares públicas de média a alta complexidade, tendo desempenhado funções como diretora de áreas estratégicas, administrativas, financeiras e de apoio. Conduziu e participou na implantação de hospitais (projetos, estrutura física, alocação de recursos, escopo de serviços, modelagem de processos, padronização de rotinas, treino e desenvolvimento de pessoas e equipes) no Brasil. Organizadora e autora do livro *Estratégias para a Acreditação dos Serviços de Saúde,* membro da equipe de especialistas para a revisão do *Manual Brasileiro de Acreditação: Organizações Prestadoras de Serviços de Saúde* – *OPSS, 2022-2025,* da Organização Nacional de Acreditação brasileira (ONA), foi autora também do capítulo Gestão da Qualidade, no livro *A Jornada da Acreditação: Série 20 Anos,* também da ONA. Fazendo a ponte entre as duas áreas, Andréa escreveu o livro *A jornada Lean na Acreditação Hospitalar.*

Apesar deste *background,* Andréa teve a humildade de aceitar sugestões que moldaram o seu trabalho até sua forma atual.

Começando por uma abordagem global às questões da qualidade em saúde (incluindo a avaliação e a melhoria), guia-nos depois pelas áreas da acreditação, em Portugal e no Brasil (outra ponte feita pelo livro, e de justificação fácil de compreender), e da gestão *lean.* O processo de seleção dos hospitais nos dois países foi muito criterioso, porque as instituições a abordar tinham de ter experiência nas duas áreas, sendo de notar que resultaram amostras com características um pouco diferentes, consequência inevitável das diferenças entre os sistemas de saúde dos dois países. As entrevistas (semiestruturadas) com os profissionais das diversas instituições são muito interessantes e reveladoras do funcionamento das mesmas, em termos de motivações, aspectos estruturais e processuais, barreiras, facilitadores e benefícios percebidos (com bons quadros-resumo). As entrevistas foram complementadas com uma análise documental que ilustra algum do trabalho de divulgação ainda por fazer.

Lembro-me que a sua dissertação de mestrado foi alvo de um escrutínio particularmente minucioso, do qual Andréa se desenvencilhou com o à vontade esperado, dada a sua longa experiência acadêmica profissional.

Em resumo, acredito que esta obra acrescenta uma nova perspectiva à literatura existente sobre estas matérias a nível internacional e que poderá ajudar os gestores, principalmente os que trabalham na área da qualidade em saúde, a considerar estas duas abordagens e, sobretudo, a ponderarem sobre a importância estratégica de as trabalhar conjuntamente.

Paulo Boto

Paulo Boto é licenciado em Medicina pela Faculdade de Medicina da Universidade de Lisboa, mestre em Health Services Management pela London School of Hygiene & Tropical Medicine, tem o Curso de Especialização em Administração Hospitalar, pela Escola Nacional de Saúde Pública da Universidade Nova de Lisboa (ENSP), e é doutorado em Health Policy and Management, pela Johns Hopkins Bloomberg School of Public Health. É Professor Auxiliar no Departamento de Políticas e Gestão de Sistemas de Saúde da ENSP (Portugal) e coordena, desde 2016, o Curso de Mestrado em Gestão da Saúde da mesma. Tem publicações e apresentações sobre acreditação, e orientou, nos últimos anos, diversas dissertações de mestrado e trabalhos de campo de administração hospitalar sobre acreditação e sobre a utilização de metodologias lean na área da saúde, em Portugal e no Brasil

PREFÁCIO

O *Lean* Management, uma filosofia de gestão focada na eficiência e na eliminação de desperdícios, desempenha um papel fundamental nos hospitais. Sua importância está na capacidade de melhorar a qualidade dos serviços de saúde, otimizar os processos e aumentar a satisfação dos pacientes e da equipe, reduzindo o desperdício e melhorando a cultura organizacional.

As razões para sua implementação são, entre outras, as seguintes:

Em primeiro lugar, o gerenciamento *Lean* promove a identificação e a eliminação de atividades desnecessárias ou que não agregam valor. Em um ambiente hospitalar, isso se traduz em redução do tempo de espera, minimização de erros na administração de medicamentos e otimização da alocação de recursos.

Além disso, essa metodologia estimula uma cultura de melhoria contínua, em que os profissionais de saúde estão constantemente procurando maneiras de fazer as coisas de forma mais eficiente e segura. Isso não apenas beneficia diretamente os pacientes, reduzindo os riscos associados ao atendimento médico, mas também aumenta a produtividade e o envolvimento da equipe.

Outro aspecto importante é a capacidade do gerenciamento *Lean* de priorizar as necessidades dos pacientes. Ao se concentrar no que realmente importa para aqueles que estão recebendo cuidados, os hospitais podem projetar processos mais centrados na pessoa, levando a uma experiência mais satisfatória e personalizada.

A adoção da Gestão *Lean* nos hospitais da América Latina tem aumentado nos últimos anos devido a seus benefícios comprovados na otimização de processos e na melhoria do atendimento. Embora ainda enfrente alguns desafios, como a resistência à mudança e a falta de recursos, sua implementação está ganhando terreno na região.

Um dos principais motivos para a adoção do *Lean* nos hospitais da América Latina é sua capacidade de fazer mais com menos recursos. Em um contexto em que os sistemas de saúde enfrentam restrições orçamentárias e escassez de pessoal, o *Lean* oferece uma metodologia eficaz para maximizar a eficiência e melhorar os resultados.

Além disso, o foco na melhoria contínua se alinha com a cultura de busca de soluções. Os hospitais da região estão começando a reconhecer que a implementação das práticas *Lean* não apenas melhora o atendimento ao paciente, mas também aumenta a eficiência operacional e a satisfação da equipe. Entretanto, a adoção do *Lean* nos hospitais da região também enfrenta desafios únicos. Esses desafios incluem a necessidade de adaptar os princípios do *Lean* às realidades e culturas locais, bem como superar as barreiras organizacionais e burocráticas. Apesar desses desafios, o potencial da Gestão *Lean* para transformar os hospitais na América Latina é significativo. À medida que mais instituições de saúde da região reconhecerem os benefícios do *Lean* e trabalharem para superar os obstáculos, é provável que vejamos uma melhoria substancial na qualidade e na acessibilidade do atendimento na região.

Este Livro adota a abordagem atraente de combinar a Gestão *Lean* com o modelo mais popular de melhoria na região, a Acreditação Institucional. Combinando um método de avaliação externa com um método de transformação cultural, ambos buscam causar impacto nas melhorias dos sistemas de atendimento. Suas descobertas baseadas em casos são de particular interesse e espero que também sejam atraentes para os leitores.

Por fim, acredito que é fundamental que possamos explorar as evidências existentes em nossa região e que as conclusões alcançadas pela Dra. Prestes também possam ser estendidas a outros sistemas de língua espanhola e transferir os recursos benéficos dessas estratégias combinadas.

Parabéns por desenvolver uma pesquisa tão valiosa para os sistemas de saúde de nossa região.

Dr. Ezequiel García Elorrio

Ezequiel García Elorrio é médico especializado em Medicina Interna e mestre em Epidemiologia pela Universidade de Harvard, além de mestre em Administração de Empresas pela Universidade Austral de Buenos Aires. Sua formação foi apoiada pela Fundação W.K. Kellogg dos Estados Unidos. Atualmente atua como diretor do Departamento de Qualidade, Segurança do Paciente e Gestão Clínica do IECS, onde lidera um grupo de pesquisa focado na melhoria das práticas e serviços de saúde na América Latina. Além disso, é professor de Saúde Pública da Faculdade de Medicina do CEMIC, professor da Faculdade de Saúde Pública da UBA e membro do conselho de administração do Mestrado em Eficácia Clínica da UBA.

Com ampla experiência e reconhecimento em qualidade e segurança do paciente, Ezequiel trabalhou em projetos financiados por diversas instituições, incluindo a Organização Mundial da Saúde, a Agência para o Desenvolvimento Internacional, a Fundação Mapfre e a Fundação Bill e Melinda Gates. Foi editor associado do International Journal for Quality in Health Care e desempenhou papéis importantes em iniciativas internacionais como CLICSS e ISQua. Além de seu trabalho no IECS, colaborou como consultor em diversas organizações e países, trazendo seu conhecimento e experiência em gestão clínica e melhoria de qualidade para hospitais e entidades de saúde na Argentina e em toda a América Latina

SUMÁRIO

INTRODUÇÃO 19
    Onde tudo começou 19
    Lean para Acreditar 21

CAPÍTULO 1
A QUALIDADE EM SAÚDE E O CONTEXTO DA GESTÃO HOSPI-
TALAR 27
    Práticas de gestão estruturadas 27
    1.1 Qualidade em saúde 28
    1.2 Qualidade e os custos dos hospitais 30
    1.3 Melhoria da qualidade em saúde 33
    1.4 Avaliação da qualidade em saúde 36

CAPÍTULO 2
ACREDITAÇÃO HOSPITALAR 39
    Acreditação Hospitalar 39
    2.1 Instituições acreditadoras dos serviços de saúde 41
    2.2 A acreditação hospitalar em Portugal 43
    2.3 A acreditação hospitalar no Brasil 44

CAPÍTULO 3
LEAN HEALTHCARE 47
    3.1 A origem do *lean* 47
    3.2 O *lean* no segmento saúde 47
    3.3 A visão sistêmica 53

CAPÍTULO 4
EXPLORANDO O CENÁRIO DOS HOSPITAIS BRASILEIROS E
PORTUGUESES 59
    4.1 Descobrindo o caminho 59
    4.2 Identificando os hospitais 60

4.3 Selecionando os hospitais 61
4.4 Conversas e descobertas 68
4.5 Conversando com os gestores da qualidade...........69
4.6 Desvendando os dados...........72
4.7 Garantindo a solidez das descobertas 75

CAPÍTULO 5
A INTEGRAÇÃO DO LEAN À ACREDITAÇÃO HOSPITALAR......... 77
5.1 O que dizem os gestores da qualidade...........77
5.2 O que nos mostram os documentos........... 105

CAPÍTULO 6
COMPARANDO O CENÁRIO DOS HOSPITAIS PORTUGUESES E BRASILEIROS 117
6.1 Foco 1: acreditação........... 117
6.2 Foco 2: o *lean* 120
6.3 Foco 3: a acreditação e o *lean*........... 125

CONSIDERAÇÕES FINAIS........... 131

REFERÊNCIAS........... 135

APÊNDICE 1
GUIA DA ENTREVISTA SEMIESTRUTURADA 143

APÊNDICE 2
QUADRO COM OS PRINCIPAIS PONTOS EXTRAÍDOS DOS EXCERTOS DAS ENTREVISTAS........... 147

"Se o seu propósito é melhorar o cuidado às pessoas e acredita que pode contribuir, não desanime se ainda não sabe por onde começar. Continue em busca do seu desenvolvimento, avançando, mesmo que sejam pequenos passos, pois a direção é mais importante que a velocidade. Se falhar ou enfrentar críticas, está tudo bem, é parte do processo de evolução. Mantenha seus objetivos em mente e persista. Você realizará feitos incríveis durante o percurso, que jamais teria alcançado se tivesse desistido. Lembre-se: tudo começa e termina em nós mesmos."

Andréa Prestes

INTRODUÇÃO

Onde tudo começou

Ao longo dos anos, em minha jornada profissional na direção de hospitais, os desafios sempre envolveram principalmente os recursos financeiros, o volume de serviços necessários e a qualidade do atendimento ao paciente. Confesso que sou extremamente grata aos desafios, pois me deram a oportunidade de desenvolver uma capacidade de análise do todo, ao mesmo tempo que os detalhes não poderiam passar desapercebidos, e muito menos deixados de lado, já que estamos falando em organizações de saúde e que de forma direta ou indireta, os pacientes são afetados por nossas decisões.

Também confesso que não existiu nada de romântico em trabalhar diuturnamente com recursos limitados e necessidades que batiam à porta a todo momento - os hospitais que trabalhei possuem urgência e emergência porta aberta, nas vinte e quatro horas do dia, sete dias por semana – mas ao mesmo tempo, me traziam uma inquietude, um questionamento interno provocando uma reflexão constante sobre os nossos acertos e nossas oportunidades de melhoria na forma de conduzir aqueles hospitais.

A gestão da qualidade sempre foi um ponto de apoio essencial para a condução dos processos de melhoria nesses hospitais. Tive a felicidade de conseguir incluir a qualidade e segurança como objetivos estratégicos no planejamento estratégico facilitando a organização das ações práticas e, logo como consequência, em todas as experiências, a busca pela Acreditação Hospitalar.

Ainda que saíssemos "vitoriosos" nos processos de Acreditação, a otimização dos processos e recursos, por vezes, parecia ser insuficiente. Eu percebia que a nossa forma de ajustar os processos para atender aos requisitos do padrão de Acreditação escolhido, por si só, não nos garantia maior eficiência operacional. A principal reflexão neste início foi a de trabalhar a visão dos líderes para ampliar o foco de análise: para além de garantir a qualidade e segurança, precisávamos olhar também para a eficiência do processo, que envolve, principalmente, entregar o que o cliente precisa na hora que precisa e com um custo compatível.

Aqui cabe um enquadramento sobre dois conceitos centrais importantes: eficácia e eficiência. A eficácia refere-se ao quanto o resultado de um processo atende às expectativas do cliente ou receptor do resultado do processo - possui relação com a "qualidade" do que é feito. A eficiência está relacionada com a medida da economia na utilização recursos materiais e humanos utilizados no processo de obtenção de determinado produto ou resultado - possui relação com o "como" é feito.

Por ter o perfil "curiosa", sempre fui adepta ao conhecimento de novas teorias, ao mesmo tempo que o pragmatismo também foi um companheiro, por só me dedicar àquilo que é factível para aplicação prática à minha realidade. Por isso, nesta busca por maior eficiência, aprendi muitos métodos, frameworks, ferramentas que ajudavam a alcançar resultados, mas que acabavam por não se manter ao longo do tempo, principalmente pela dificuldade em replicá-los de forma transversal na organização.

Chegou um momento em que a preocupação ficou extremamente maior, devido ao aumento significativo na demanda de pacientes, ao mesmo tempo que a capacidade de atendimento do hospital não acompanhou essa ascensão e não podíamos colocar em risco a segurança dos pacientes e profissionais. É exatamente neste período que surge o *lean*, com potencial para ajudar a organizar os processos de uma forma que eu e as equipes não conhecíamos. Foi realmente "a grande descoberta", uma luz que nos fez aprender uma nova forma de ver o mesmo e encontrar alternativas viáveis – e que não precisavam de maiores recursos – para melhorar a condição de atendimento, atribuindo agilidade e valor nas entregas.

Eu fui a principal entusiasta e promotora para o uso do *lean* no hospital. O fato de estar num cargo de diretoria ajudou nessa inclusão da abordagem e consegui conduzir os primeiros projetos. Começamos a usar num setor, depois a treinar e envolver mais pessoas. Os resultados foram sendo divulgados e cada vez mais líderes de áreas tinham ideias e estavam entusiasmados por implantar novos projetos em seus macroprocessos, e assim, o avanço se deu pelo hospital. É claro que houve muitas resistências, muitos olhares e palavras de desconfiança que, com o passar do tempo e com muita persistência, foram sendo superadas por meio das evidências demonstradas.

Os desafios não pararam aí. Por mais que as pessoas percebiam os resultados dos projetos *lean*, questionavam o motivo do uso de "duas metodologias": a acreditação e o *lean*. O desafio seguinte foi trabalhar o esclarecimento e o convencimento. Isso demandou muita energia e resiliência para evidenciar a não concorrência e sim a complementariedade entre a acreditação e o *lean*, uma vez que a primeira é considerada um método de garantia da qualidade, enquanto o segundo, uma abordagem de melhoria. O maior desafio enfrentado na época foi o de desenvolver explicações e demonstrar que o que estava sendo apresentado era de fato a realidade. Até o momento em que escrevo esta obra, não consegui localizar nenhuma publicação científica que aborde essa questão. Foi a partir desse contexto que surgiu o embrião da minha pesquisa de mestrado, embora eu não tenha percebido isso na época. A minha inquietude neste tema era conhecer outros casos e saber a maneira que a Acreditação e o *Lean* haviam sido trabalhados.

A escrita contida neste livro é resultado da minha dissertação de mestrado em Gestão da Saúde, realizada na Escola Nacional de Saúde Pública da Universidade Nova de Lisboa, em Portugal. Ao escolher o tema da dissertação, não tive dúvidas: desejava investigar a integração do *Lean* nos processos de Acreditação. Era essencial compreender como outros hospitais percorriam esse caminho, o que ocorria nos escritórios de gestão da qualidade hospitalar e como lidavam (ou não) com essa integração. Explorar as barreiras, os facilitadores e outras questões pertinentes foi o foco constante ao longo desse processo.

Aproveitei a oportunidade de mergulhar nos assuntos envoltos ao tema *"lean* e acreditação" para buscar evidências e compreender quais as questões mais impactam positiva e negativamente neste percurso. Para além de conhecimento próprio, o meu propósito é replicar o aprendizado com o maior número possível de profissionais da área da melhoria contínua. Acredito que podemos aprender com as experiências de outros profissionais e instituições, e assim, obter resultados positivos desde o início.

Espero que esta obra possa provocar inspiração e insights, auxiliando os profissionais na condução de projetos *lean* e de acreditação e, principalmente, para que possam refletir sobre os benefícios de integrarem as metodologias em busca de melhores resultados.

Lean para Acreditar

A complexidade da gestão hospitalar é conhecida pelos profissionais da área da saúde e já referida por grandes pensadores da administração moderna (1), devido aos múltiplos desafios que a englobam, desde os inerentes ao cuidado à vida humana, acrescidos das necessidades assistenciais da população que são cada vez maiores, ao mesmo tempo em que os recursos se mostram mais escassos, gerando um descompasso à sustentabilidade dos hospitais no longo prazo, o que fundamenta a necessidade de alternativas pragmáticas.

Diante deste cenário, implementar metodologias de melhoria contínua que promovam a qualidade e, por meio dela, a ampliação dos resultados positivos, deixa de ser apenas um diferencial competitivo e passa a ser um ponto crucial da estratégia necessária à sobrevivência das organizações (2). É imperiosa a implementação de trabalhos para melhorar de forma continuada a qualidade dos processos em saúde, aumentar a capacidade produtiva, garantir custos operacionais adequados à estabilidade financeira da instituição e satisfazer as expectativas dos pacientes. Realizar mudanças para melhorar a qualidade nos cuidados em saúde, ampliar a agregação de valor e, ao mesmo tempo, economizar recursos, é um grande desafio dos gestores hospitalares (3).

A acreditação hospitalar tem sido uma mais-valia aos gestores para melhorar a qualidade na prestação do cuidado, por ser um processo assente em padrões previamente estabelecidos, com o objetivo de promover a autoavaliação, a revisão por pares externos e provocar melhorias contínuas nos estabelecimentos de saúde (4). O *lean* também vem sendo utilizado por muitos hospitais para a melhoria dos processos por meio do pensamento enxuto, da eliminação dos desperdícios e da maior agregação de valor ao cliente final (5). O *lean* possui um conjunto de ferramentas basilares que auxiliam no processo da mudança, no desenvolvimento de uma cultura de melhoria contínua e na ampliação da qualidade do cuidado.

Tanto a acreditação quanto o *lean* podem contribuir para a obtenção de resultados positivos às organizações hospitalares: a acreditação, por apresentar padrões de qualidade que fomentam os trabalhos de melhoria dos processos para aperfeiçoar o cuidado prestado ao paciente; e o *lean*, por se tratar de uma abordagem de melhoria capaz de otimizar o uso dos recursos disponíveis e ampliar a qualidade dos serviços entregues aos utentes. Contudo, os trabalhos empreendidos para a acreditação e o *lean*, quando realizados sem o alinhamento de objetivos internos, podem implicar sobreposição de ações, maior necessidade de recursos humanos e maior dedicação de tempo para a execução dos trabalhos, e, ainda, possibilidade de que os profissionais envolvidos não compreendam que ambos os esforços devem resultar em um cuidado de qualidade à população atendida e maior sustentabilidade à organização hospitalar.

É suposto que a proposição de melhorias por meio do processo da acreditação e da abordagem *lean*, quando implementadas de forma complementar e integradas entre si, resultem em ações pragmáticas ao aperfeiçoamento dos processos, proporcionem um olhar sistêmico aos profissionais, possibilitem uma melhor sistematização e um direcionamento dos esforços e recursos do hospital, a fim de que os resultados sejam positivos e mantidos no longo prazo.

A busca pela qualidade dos processos precisa ir além dos cuidados aos pacientes. Os esforços para a melhoria necessitam provocar, também, o aprimoramento nos custos, na racionalidade de recursos, bem como das áreas que envolvem a qualidade e a segurança dos pacientes (3). Este livro aborda a necessidade de os hospitais promoverem mais qualidade aos serviços prestados, associada à sustentabilidade no longo prazo, por meio da acreditação e do *lean*.

Este livro traz a oportunidade de você conhecer e se inspirar com a experiência de hospitais no Brasil e em Portugal e perceber como o *lean* e a acreditação são trabalhados em cenários distintos. A obra aborda a utilização do *lean* para a melhoria contínua nos hospitais portugueses e brasileiros, associado aos processos de acreditação. Você vai conhecer as principais barreiras, os facilitadores, a motivação, os resultados, entre outros fatores relevantes no percurso de importantes hospitais nos dois países.

Além de conhecer as experiências exitosas e as principais dificuldades enfrentadas pelos hospitais brasileiros e portugueses na busca de integrarem as ações do *lean* à acreditação, este livro te permitirá conhecer a semelhança existente entre os hospitais de ambos os países, com destaque ao aspecto voltado à condução dos trabalhos pelo serviço de gestão da qualidade.

Este livro encontra-se dividido em seis capítulos, além da introdução e das considerações finais. No primeiro capítulo, encontra-se o a contextualização sobre a qualidade em saúde e a ligação com a gestão hospitalar, que está dividido em quatro subcapítulos: o 1.1 contempla a qualidade em saúde; o 1.2, a qualidade e os custos dos hospitais; no 1.3, a melhoria da qualidade em saúde; e no 1.4, a avaliação da qualidade em saúde. No segundo capítulo, são abordados temas relacionados à acreditação hospitalar, dividido em três subcapítulos: 2.1 instituições acreditadoras dos serviços de saúde; 2.2 a acreditação hospitalar em Portugal; e no 2.3, a acreditação hospitalar no Brasil. No capítulo três, são apresentados assuntos relacionados ao *lean* healthcare, dividido em três subcapítulos: 3.1 contempla a origem histórica do *lean;* 3.2 aborda o *lean* no segmento saúde; e no 3.3, encontra-se a visão sistêmica. Já no capítulo quatro, são explorados o cenário dos hospitais portugueses e brasileiros - base deste livro, dividido em seis subcapítulos, que mostram a lógica utilizada para a construção deste livro: 4.1 expõe o caminho trilhado para iniciar a pesquisa dos hospitais a serem estudados; 4.2 demonstra a forma como os hospitais foram identificados; 4.3 relata como os hospitais foram selecionados; 4.4 aborda a estrutura das entrevistas com os gestores de qualidade; 4.5 descreve como os dados adicionais coletados foram analisados; e 4.6 descreve o que garante a solidez dos dados utilizados para a construção desta obra. No capítulo cinco, serão expostos os resultados obtidos por meio da realização das entrevistas e análise documental que contemplam a integração do *lean* à acreditação hospitalar, dividido em dois subcapítulos: 5.1 estão compiladas as opiniões dos gestores de qualidade dos hospitais, com base nas entrevistas realizadas; 5.2 contempla as análises realizadas nos documentos selecionados. Já no capítulo 6, são apresentadas as comparações realizadas no cenário dos hospitais de ambos os países, e divide-se em três subcapítulos: 6.1 são comparados os cenários relativos à acreditação hospitalar; no 6.2, o foco de comparação passa a ser o *lean*; e no subcapítulo 6.3, é realizada a comparação incluindo o âmbito do *lean* e da acreditação. Por fim, apresenta-se as considerações sobre os aprendizados e o conhecimento construído com base na pesquisa realizada para a construção deste livro.

"Nesse capítulo Andréa Prestes nos conduz a aprofundarmos sobre a essência da qualidade em saúde e sua integração vital com a gestão hospitalar. Prepare-se para compreender ainda mais os conceitos que impulsionam a busca incansável por um atendimento de saúde excepcional, onde cada ação é sustentada pela paixão em servir e pelo compromisso com a excelência. Qualidade é, antes de tudo, um processo educacional para a melhoria contínua dos profissionais e seus processos de trabalho. Andréa foi uma das minhas principais mentoras sobre Qualidade e agora vocês também podem ter a honra de aprender com ela por meio dessa obra."

J. Antônio Cirino
Executivo em Saúde. PhD em Comunicação.
Autor dos livros "Estratégias para a Acreditação dos Serviços de Saúde" e "Descomplicando a Qualidade e Segurança em Saúde".

CAPÍTULO 1

A QUALIDADE EM SAÚDE E O CONTEXTO DA GESTÃO HOSPITALAR

Práticas de gestão estruturadas

Diante de um cenário com necessidades em saúde da população cada vez maiores, ao mesmo tempo em que os recursos se apresentam mais escassos, são essenciais práticas de gestão estruturadas e eficazes para equilibrar essa equação. Neste sentido, é necessário que governos e instituições promovam a melhoria que agrega valor, aumenta a qualidade e reduz os custos dos cuidados em saúde (3).

Além da limitação de recursos, os hospitais possuem um ambiente complexo e incerto, onde encontrar soluções plausíveis para a obtenção de melhores resultados requer visão consensual das partes com poder decisório, bem como criatividade e flexibilidade, fazendo com que muitos gestores hospitalares passem a utilizar metodologias de melhoria contínua na busca por corrigir os problemas de desempenho em seus processos (6).

Muitas organizações hospitalares brasileiras e portuguesas procuram, na acreditação, uma forma de promover mais qualidade e segurança aos pacientes atendidos, além de utilizar a abordagem *lean* para a melhoria dos processos. É fator *sine qua non* para uma gestão hospitalar exitosa que os profissionais que estão na operacionalização e desdobramento da estratégia possuam capacidade de desenvolver projetos para a melhoria contínua da qualidade; consigam compreender e conduzir os processos da acreditação hospitalar e conhecer e saber como podem tirar maior proveito do *lean* de forma integrada e única. Para que os gestores consigam perceber a necessidade de trabalhar a integração do *lean* aos projetos de acreditação e possam conduzir com êxito as ações e equipes, é essencial a existência da visão sistêmica, o que possibilita que reconheçam o hospital como um corpo único e em constante mudança, sem desconsiderar e analisar as partes que o compõe.

1.1 Qualidade em saúde

Conceituar qualidade não é algo simples. As definições para o seu significado são distintas até mesmo entre os autores, a exemplo do conceito existente no *Juran's Quality Handbook*, que descreveu a qualidade como algo apto ao uso, enquanto Deming considerava que a qualidade existia quando as entregas aos clientes estivessem em conformidade com os padrões requisitados. Por sua vez, Robert Galvin, da Motorola, preferia o Seis Sigma, referindo qualidade a partir da inexistência ou da existência mínima de defeitos, enquanto DeFeo e Juran reconheciam a qualidade quando os produtos e os serviços estivessem de acordo com os objetivos e necessidades do cliente (7). Já segundo Slack, Brandon-Jones e Johnston (2013, p. 646), "a qualidade pode ser definida como o grau de adequação entre as expectativas e as percepções dos clientes sobre o serviço ou produto". Estes exemplos denotam a existência de múltiplas perspectivas e variações conceituais sobre a qualidade.

A literatura sobre qualidade em saúde é extensa e difícil de sistematizar (8). Boa parte dos estudos para o desenvolvimento da qualidade em cuidados em saúde, com foco inicial às unidades hospitalares, veio da área industrial, particularmente dos Estados Unidos (9), e recebeu, ao longo dos anos, importantes contributos de profissionais da área, a exemplo do cirurgião norte-americano Ernest Codman, em seu estudo publicado em 1916 sobre o sistema de auditoria no atendimento cirúrgico. O médico Avedis Donabedian, nas décadas de 1960 e 1970, apresentou um conceito multidimensional da qualidade, e o médico Donald Berwick, na década de 1980, passou a estudar, trabalhar e aplicar modelos industriais de melhoria da qualidade nos cuidados em saúde (10). Os exemplos citados mostram que muitas foram as contribuições positivas para a construção do conhecimento da qualidade em saúde, porém, foi a partir dos estudos e das publicações de Donabedian (11) que este tema ganhou mais notoriedade.

Nas últimas três décadas, o trabalho para a melhoria da qualidade dos cuidados em saúde se tornou um movimento global, promovido principalmente com base nas abordagens de Walter Shewhart, W. Deming, Joseph Juran e Associates in Process Improvement (12), contudo, foi a partir das publicações do Institute of Medicine (IOM), de 1999, em "Errar é humano: construindo um sistema de saúde mais seguro", e de 2001, em "*Crossing the Quality Chasm*: um novo sistema de saúde para o século 21", que as atenções se voltaram para a melhoria da qualidade necessária para mitigar os erros associados aos cuidados em saúde (6).

Um estudo do NHS Institute for Innovation and Improvement, em conjunto com a Manchester Business School (10), esclarece que, apesar de existirem muitas formas de conceituar a qualidade, a segurança deve ser considerada como um elemento e um pré-requisito da qualidade, e são usadas, muitas vezes, como sinônimos: segurança e qualidade. Reporta que o conceito mais usual para a qualidade dos serviços de saúde é composto por uma assistência segura, eficaz, centrada no paciente, oportuna, eficiente e equitativa. Assim, por ser a segurança do paciente um importante atributo da qualidade em saúde e um componente indispensável ao atendimento de alta qualidade, muitas instituições priorizam ações para ampliar este aspecto e promover um cuidado com o mínimo possível de danos às pessoas atendidas (13).

Assim, o conceito de qualidade nos cuidados em saúde evoluiu, com o reconhecimento da existência de erros e riscos evitáveis, propiciando o trabalho na criação de barreiras que visam à ampliação da segurança dos pacientes. Em outro aspecto, devido à pressão sobre os custos, existe uma ampliação de foco da qualidade nos cuidados em saúde para além da qualidade-segurança, a fim de que seja percebida como valor-qualidade, composta por segurança, acesso e experiência do paciente, dividida pelo custo (14).

O IOM define a qualidade em saúde como "o grau em que os serviços de saúde para indivíduos e populações aumentam a probabilidade de resultados de saúde desejados e são consistentes com o conhecimento profissional atual" (Legido-Quigley et al., 2008, p. 2). Aponta que a existência de qualidade nos cuidados em saúde perpassa o atendimento das seis dimensões seguintes: 1) seguros, com foco em sistemas capazes de prevenir e gerenciar os riscos, retirando a atribuição de culpa dos profissionais da assistência; 2) eficazes, por meio da utilização assertiva do conhecimento científico disponível; 3) centrados no paciente, reconhecendo suas individualidades que levam a necessidades específicas, com a participação do paciente nas decisões de seu tratamento; 4) oportunos, no tempo certo e sem atrasos intencionais; 5) eficientes, com a redução constante de todos os tipos de desperdícios e o melhor uso da estrutura de dados e informações disponíveis; e 6) equitativos, sem que raça, etnia, gênero, entre outros, interfiram na realização dos cuidados em saúde (6).

Diante de todos os aspectos que propiciam o aumento da qualidade em saúde, as organizações que buscam promover um cuidado seguro, uma experiência positiva ao paciente e a um baixo custo, estão conseguindo manter, ao longo do tempo, as mudanças positivas das melhorias implementadas (6). As instituições que se preocupam em entregar aos seus clientes a mais alta qualidade em bens e serviços já estão um passo à frente das demais que ainda não o fazem.

DeFeo e Juran (2015) explicam que as instituições devem dar a mesma importância à gestão da qualidade que dão à gestão financeira, pois, quando as empresas trabalham a melhoria contínua de seus produtos e serviços, destacam-se positivamente de seus concorrentes, ampliam a receita e conseguem reduzir seus custos operacionais, o que oportuniza maior rentabilidade. Os autores destacam que, por meio de uma cultura da qualidade, as organizações são capazes de obter melhores resultados financeiros, além de os manter sustentáveis ao longo do tempo (7).

Apesar disso, ainda não existe uma concordância entre os gestores relativamente ao fato de que um alto padrão de qualidade pode atribuir às empresas maior ou menor custo. Isto se deve às formas distintas de perceber a qualidade entre estes profissionais e por não compreenderem a necessidade de a qualidade ser conceituada sob a ótica dos clientes, ou seja, dos consumidores de seus produtos e serviços (7).

Segundo a Organização Mundial de Saúde (OMS), uma das principais motivações que levam as instituições de saúde a trabalharem a melhoria da qualidade está na ampliação da segurança dos pacientes, com a redução dos eventos adversos e dos erros (9). Já para os governos e financiadores dos cuidados em saúde, os esforços para a melhoria começaram a crescer quando passaram a gastar mais recursos financeiros, no intuito de que a maior qualidade pudesse diminuir os gastos (6). Contudo, segundo o IOM (LOHR, 1990), o objetivo primordial de trabalhar a qualidade nos cuidados em saúde é o de promover um esforço organizacional contínuo e confiante, em que a qualidade deixa de ser vista como um fim e passa a ser percebida como um meio de manter o trabalho orientado para a promoção de melhorias constantes aos cuidados (15).

1.2 Qualidade e os custos dos hospitais

Independentemente de qual seja a motivação das organizações de saúde em promover a qualidade de seus cuidados, os hospitais poderão observar benefícios diretos nos resultados dos custos e das receitas. Isto se dá pelo fato de que, quando uma empresa passa a conhecer e a aplicar amplamente os métodos de melhoria da qualidade, a sistematizar suas ações para a redução de erros, de falhas e de defeitos, é capaz de alcançar o nível mais alto de qualidade, o que impacta substancialmente a redução dos custos. A partir deste ponto, a instituição consegue entregar produtos e serviços de melhor qualidade de acordo com as expectativas dos seus clientes. Estes, por sua vez, passam a valorizar e a consumir mais os produtos e os serviços daquela organização, o que acarreta aumento das receitas. Existe uma relação direta entre os custos e a receita. Quando os clientes são afetados por serviços de baixa qualidade, tendem a ficar insatisfeitos, a não voltarem mais a consumir daquela empresa e a repercutirem a informação com outros potenciais compradores, que deixam de comprar. Estes fatos criam um efeito negativo nas receitas (7).

Figura 1. A baixa qualidade afeta negativamente as receitas.

Fonte: Desenvolvida pela autora.

Quando as instituições implementam atividades para a melhoria da qualidade, buscam a eficácia, que se refere ao quanto o resultado de um processo atende às expectativas do cliente. Para além da eficácia, as organizações almejam a eficiência, que, segundo a OMS, é o maior resultado de saída possível que pode ser obtido a partir de um volume específico de entrada em um determinado sistema (9).

Segundo o IOM, é preciso que sejam eliminadas ou minimizadas as situações que interferem na obtenção de um grau ótimo na prestação dos serviços de saúde, considerando os três principais tipos de problemas de qualidade: 1) a subutilização, quando o cuidado de saúde não realizado teria condições de desencadear uma melhoria do quadro clínico do indivíduo. Pode ser um medicamento ou uma vacina não administrada, um procedimento cirúrgico eficaz não realizado ou uma consulta não efetuada. Tudo o que poderia ter contribuído para a melhoria da condição de saúde do utente e, por alguma razão, não foi feito; 2) a utilização excessiva, que ocorre todas as vezes que é fornecido um serviço de saúde além do necessário e a possibilidade de ocasionar danos é superior aos benefícios; e 3) a utilização indevida, quando, apesar de o serviço escolhido ter sido o apropriado, resulta em uma complicação evitável ao paciente (16).

A apresentação deste pilar de problemas relacionados à qualidade nos serviços de saúde oportuniza a ampliação do entendimento sobre a existência de relação entre o fator qualidade e os custos dos cuidados. Um ponto primordial a ser analisado é que, ao se trabalhar para a mitigação do uso excessivo dos serviços de saúde, que se desdobra em menor exposição dos pacientes aos riscos associados aos cuidados, além de mitigar as oportunidades de existir o mau uso de recursos decorrentes de complicações, é possível aferir que exista uma redução de desperdícios e uma melhoria da qualidade que contribuem diretamente para a diminuição dos custos (16).

De toda forma, a mudança necessária às organizações não ocorre de um dia para o outro. É preciso ter uma linha estratégica que suporte as ações por meio de uma metodologia de gestão da qualidade como norte para a excelência almejada, com a inclusão de todos os *stakeholders* para que tenham seus níveis de satisfação elevados e conduzam a empresa à sustentabilidade dos resultados (7).

Figura 2. Mudanças necessárias para a sustentabilidade dos negócios em saúde.

Fonte: Desenvolvida pela autora.

É um caminho a ser trilhado, que depende da sinergia de diversos atores e do estabelecimento de um plano de trabalho, capaz de traduzir a estratégia em termos práticos e claros, para a validação e inclusão de todos os envolvidos.

1.3 Melhoria da qualidade em saúde

A partir do entendimento de que a qualidade não poderia mais ser vista apenas como a garantia de padrões, passou-se a ter uma perspectiva mais ampliada e com esforços voltados para a mitigação dos pontos frágeis e o aproveitamento das oportunidades de melhoria. A partir de então, a melhoria da qualidade tornou-se algo mais dinâmico, possibilitando um avanço continuado (9).

A International Organization for Standardization (ISO) considera que ter foco em melhoria contínua é uma característica das empresas de sucesso. Por meio de ações para melhorar o desempenho, as instituições mostram-se mais preparadas para o enfrentamento das mudanças dos cenários interno e externo (17), com a ampliação dos resultados positivos quando a qualidade faz parte do pensamento coletivo e do modo de agir na organização (10).

Segundo um estudo realizado pela OMS, alguns quesitos são essenciais para a melhoria dos cuidados em saúde: maior tempo para os profissionais realizarem trocas de experiências e alinhamentos com colegas; profissionais com acesso a dados relevantes, precisos, completos e no tempo certo, orientação acadêmica e prática sobre padrões e medição; habilidades específicas sobre a qualidade, técnicas e treinamentos sobre metodologias; e recursos financeiros para ter acesso a ferramentas, informações e treinamentos (9).

Ao se trabalhar a melhoria contínua no segmento hospitalar, com a inclusão de novos métodos, é mais eficaz quando os esforços são sustentados por abordagens científicas capazes de aprimorar a prática clínica (16), com alta participação das lideranças e da compreensão sobre a necessidade de aproveitar e adaptar as experiências favoráveis do setor industrial ao contexto dos estabelecimentos de saúde, e, assim, promover a melhoria da qualidade dos cuidados (6). Evidências demonstraram a eficácia que determinadas abordagens de melhoria oportunizam para a promoção da qualidade nas instituições (10).

De toda forma, os melhores resultados na implementação de melhorias não estão ligados à utilização de métodos ou abordagens específicas, mas à forma de implementação (10). A abordagem para a melhoria da qualidade em saúde deve levar em conta o contexto da organização, a metodologia de gestão, a formação e o treinamento dos profissionais, entre outros fatores que são determinantes para a ampliação da qualidade do serviço prestado. É imperioso que o foco para a busca das respostas para a melhoria da qualidade não seja no indivíduo, e, sim, contemple uma análise prioritária das deficiências do sistema organizacional, que, por ser complexo, oportuniza a ocorrência de problemas nos cuidados em saúde (16).

Figura 3. Aspectos a considerar para a abordagem da melhoria da qualidade em saúde.

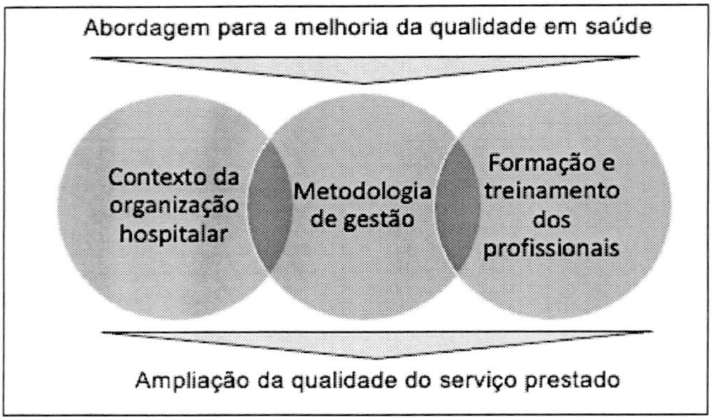

Fonte: Desenvolvida pela autora.

É necessário considerar a melhoria como uma ciência. Segundo a International Society for Quality in Health Care (ISQua), o conceito central da teoria da melhoria é de que "todo sistema é projetado para entregar os resultados que produz" (Rakhmanova & Bouchet, 2017, p. 12). Significa dizer que são necessários processos devidamente modelados e com interfaces adequadas, com a visão ampliada de toda a cadeia de valor daquele sistema, para entregar resultados de qualidade. A partir deste conceito, é imprescindível que a forma de organização dos processos institucionais estejam adequados e permitam que os profissionais de saúde forneçam assistência de qualidade aos utentes atendidos.

Deming (6) apresenta, por meio de sua teoria do saber profundo, as quatro grandes áreas inter-relacionadas da ciência da melhoria:

1. A avaliação integrada do sistema ao considerar as pessoas e os processos que o compõem, como estão organizados e a maneira que interagem para a otimização dos resultados definidos pela instituição;

2. A teoria do conhecimento, que se baseia no teste de hipóteses para a mudança e a obtenção da melhoria desejada, por meio do uso do ciclo de aprendizagem PDSA (P: *plan*; D: *do*; S: *study;* A: *act*), que ocasionará a retenção do conhecimento pela equipe;

3. A psicologia da mudança, com a compreensão de que as pessoas são motivadas principalmente por necessidades e fatores intrínsecos, entendimento de que devem participar e se sentir parte importante de todo o processo de mudança e a valorização do trabalho em equipe;

4. Conhecimento sobre as variações inerentes a todos os processos. O trabalho para a redução das variações consideradas prejudiciais e inaceitáveis é um propósito da melhoria contínua para o aumento da qualidade dos serviços entregues.

O Institute for Healthcare Improvement (IHI) possui um modelo de melhoria, denominado IHI-QI, que tem como base o PDSA de Deming (*Plan-Do-Study-Act*), junto a três perguntas norteadoras que orientam o ensino da melhoria dentro do método promulgado: 1) O que estamos tentando realizar? 2) Como saberemos que uma mudança é uma melhoria? 3) Que mudanças podemos fazer que vão resultar em melhorias? Trata-se de uma ferramenta orientada para o estudo das melhorias no terreno, observadas na prática e transformadas em aprendizado por meio de testes das mudanças, para que, após, sejam replicadas em larga escala (12).

Interessante observar que o ciclo do PDSA é uma abordagem de melhoria que pode ser utilizada em conjunto com diversos outros modelos de melhoria, aplicável em cada estágio do ciclo, ao exemplo do Seis Sigma ou do *lean* (10).

Assim como o uso do PDSA, registra-se o crescente uso do *lean* para a promoção de melhorias nos complexos processos do segmento de saúde, devido ao fato de que suas características oportunizam enxergar os problemas e promover formas adequadas de medidas de desempenho (10).

O IHI reconhece, com base na experiência de muitos anos de seus consultores, que existe alinhamento, compatibilidade e sinergia entre o *lean* e o modelo de melhoria usado pelo IHI. Considera que ambos contribuem para a promoção de melhores processos e mudanças necessárias às instituições de saúde para um atendimento de qualidade aos pacientes atendidos (12).

É fundamental que os gestores em saúde, enquanto profissionais com a responsabilidade de decidir sobre qual metodologia usar, se baseadas no modelo de melhoria do IHI ou o *lean*, por exemplo, compreendam que podem aproveitar ao máximo os pontos fortes de ambos. Com conhecimento do que é necessário diante do cenário vivido, necessitam desenvolver "uma visão clara da complementariedade, pontos fortes e aplicação dos modelos, apreciando a compatibilidade profunda de suas filosofias e abordagens" (Scoville & Little, 2014, p. 7).

A melhoria contínua nos hospitais tem sido impulsionada pela acreditação; contudo, nunca deve ser uma intervenção de qualidade independente, mas integrar um planejamento amplo para a melhoria, complementado por outras estratégias de qualidade, a exemplo do *lean* (18).

1.4 Avaliação da qualidade em saúde

Medir a qualidade do atendimento em saúde não é considerado algo fácil (19), visto o contexto complexo do segmento, por necessitar de equilíbrio das vertentes organizacionais, assistenciais, dos processos e resultados (10). Segundo o IOM, a avaliação da qualidade no setor saúde está relacionada com a capacidade de aferir os resultados dos cuidados, por meio da medição daquilo que integrou este processo, desde os aspectos técnicos até os interpessoais (15).

Em 1980, foi apresentado, por Donabedian, um modelo para avaliar a qualidade a partir da estrutura, do processo e do resultado, o que possibilitou uma análise do desempenho de forma global e a distinção entre processos e resultados. Este modelo auxilia a compreensão para que os resultados obtidos não sejam considerados como sinônimo de qualidade, o que denotaria erro e equívoco de interpretação (20).

A partir do crescimento dos custos e problemas de qualidade nos sistemas de saúde a nível mundial, no final da década de 1990, muitos países passaram a implementar processos de avaliação da qualidade dos serviços e a recomendar melhorias, atuando na coordenação, na definição de padrões e na execução de avaliações seguras e confiáveis, a fim de que critérios e procedimentos de qualidade fossem seguidos e os resultados alcançados pudessem ser transparentes ao público (9).

A avaliação da qualidade não tem o intuito de impor soluções ou a adoção de medidas corretivas por parte do avaliado. É, pois, um comparativo entre o desempenho aferido e os padrões ou objetivos estipulados (9).

A avaliação da qualidade pode ser interna ou externa. A avaliação interna é aquela realizada pela equipe do próprio hospital, profissionais e gestores. Já as avaliações externas são processos estruturados e mecanismos complementares, caracterizados por padrões explícitos e válidos, que visam melhorar a organização e a prestação de serviços de saúde (8). É um processo formal realizado por avaliador independente, sem a influência dos avaliados, com o intuito de comparar aquilo que é praticado pelo indivíduo, pela instituição, pelo processo ou pelo objeto a padrões, diretrizes e requisitos pré-determinados e publicados, por meio de dados confiáveis e válidos, sistematizados para esta finalidade, para que, desta avaliação, resultam saídas definidas (4).

Existem diversos modelos de avaliação externa, a exemplo da acreditação, da certificação, da regulamentação e do licenciamento (4). A acreditação, que é um processo cíclico e contínuo (18), é o modelo de avaliação externa, foco deste trabalho, assunto abordado a seguir.

"A Acreditação - Avaliação Externa para os Serviços de Saúde - é um tema apaixonante que me cativa, pois oferece muitos aprendizados e oportunidades de agregar valor. É essencial que este processo esteja alinhado às necessidades do cuidado em saúde, promovendo a melhoria da qualidade do atendimento e adotando uma abordagem centrada nas pessoas. Mesmo sendo uma intervenção complexa, quando consideramos o contexto da organização, ela pode gerar uma transformação muito significativa. Conheça um pouco mais o capítulo do livro de Andréa Prestes"

Gilvane Lolato
Gerente de Operações da Organização Nacional de Acreditação - ONA.
Co-autora dos livros "Estratégias para a Acreditação dos Serviços de Saúde" e "Descomplicando a Qualidade e Segurança em Saúde".

CAPÍTULO 2

ACREDITAÇÃO HOSPITALAR

Acreditação Hospitalar

A acreditação é um processo assente em padrões previamente estabelecidos, com o objetivo de promover um processo de autoavaliação e revisão por pares externos e provocar melhorias contínuas nos sistemas de saúde ou de assistência social (4), que visa obter o reconhecimento público sobre a qualidade de um estabelecimento (8). A acreditação é considerada como metodologia para garantia da qualidade, visto que as organizações credenciadas cumprem determinados padrões, em consonância às melhores práticas internacionais, para o fornecimento dos cuidados em saúde, sejam eles públicos, sejam privados (21).

Foi o American College of Surgeons, dos Estados Unidos, em parceria com o Canadá, que começou, há mais de um século, a avaliação externa, atingindo, desde essa época, organizações e programas em mais de 70 países (18). Países como Austrália, Canadá e Estados Unidos criaram programas de acreditação externa de serviços de saúde como forma de disseminar padrões nacionais de qualidade, por meio da colaboração voluntária, que envolviam associações especialmente médicas e administradores hospitalares (9).

Segundo a ISQua, a acreditação é um dos métodos mais antigos de avaliação externa. A adesão à acreditação pode ser voluntária ou obrigatória, para avaliar a organização de forma global, incluindo os processos de gestão e os clínicos; contudo, também podem ser avaliados os processos individualmente. Sua estrutura possibilita que as instituições de saúde identifiquem o seu nível de atendimento aos padrões e requisitos pré-estabelecidos e publicados, que contemplam a necessidade de a organização cumprir com a sua missão central, apresentar melhorias baseadas em evidências, além de atender aos aspectos legais (4).

A ISQua é uma instituição sem fins lucrativos para a promoção da melhoria da qualidade e segurança dos cuidados em saúde, com atuação em todo o mundo há mais de 30 anos (22), que estabelece, avalia e credencia internacionalmente as organizações para a realização da avaliação externa de acreditação das instituições de saúde (18), verificando se estas instituições acreditadoras cumprem o conjunto de padrões e princípios estabelecidos por ela (23).

A acreditação pode contribuir na ampliação da segurança do paciente, na mitigação de riscos, gerar mais eficiência e promover a melhoria da qualidade e da sustentabilidade do sistema de saúde. Trata-se de um processo formal, que inclui: autoavaliação da instituição participante; e avaliação externa por pares independentes, que emitem um relatório como produto resultante deste processo, contendo o resumo e as conclusões da avaliação, que incluem a decisão final sobre o *status* da acreditação.

A acreditação intenciona promover maneiras de implementar a melhoria continuada (4), e, como um método de avaliação externa, precisa ser vista como um meio de aprimorar a qualidade, e não o objetivo-fim (18). Ainda que o objetivo central dos processos de acreditação seja o de melhorar os resultados obtidos, não se espera que isto ocorra rapidamente (24), trazendo a necessidade de se trabalhar a educação continuada de forma sistemática, com o intuito de ensinar aos profissionais os conceitos da gestão da qualidade e a estrutura da acreditação (25), fomentar a retenção do aprendizado organizacional, para que o foco na qualidade seja parte da cultura da empresa e estimule ciclos contínuos de melhoria.

Apesar de haver uma certa confusão entre a abordagem dos processos de acreditação e certificação, a ISQua esclarece que o modelo de acreditação tem sido habitualmente aplicado para organizações de forma global, e a certificação para indivíduos, departamentos e serviços individualmente. Outro ponto a ser destacado é que a acreditação busca evidenciar e promover práticas de melhoria contínua nas organizações avaliadas, enquanto a certificação foca normalmente no atendimento dos objetos essenciais, e não a melhoria contínua da qualidade (4).

O que motiva uma organização a ingressar em um programa de qualidade e aderir à acreditação pode incluir ou combinar diversos objetivos, desde a minimização dos erros e problemas assistenciais, buscar um nível mais elevado no atendimento prestado, promover a educação continuada com vistas à ampliação do conhecimento técnico dos profissionais, entre outros (15).

Neste livro, o foco é a acreditação hospitalar. Existem variações metodológicas entre os modelos praticados pelas instituições de acreditação hospitalar. Alguns oportunizam que o processo seja parcial, ou seja, que a instituição trabalhe isoladamente serviços ou departamentos, sem que exista a necessidade de, ao mesmo tempo, desenvolver o processo em toda a cadeia produtiva do hospital. Já outros modelos possuem a exigência de que, ao ingressar em um programa de acreditação, o hospital desenvolva o processo em todos os serviços, a fim de garantir que toda a unidade hospitalar atinja os padrões de qualidade estabelecidos, o que denota a acreditação total ou integral do hospital.

2.1 Instituições acreditadoras dos serviços de saúde

Atualmente, a nível global, são diversas as instituições que atuam na acreditação dos serviços de saúde. Algumas destas são direcionadas apenas aos seus países de origem, enquanto outras atuam internacionalmente. A história nos mostra que tudo teve início a partir da criação da Comissão Conjunta de Acreditação em 1951, nos Estados Unidos, composta pelo Colégio Americano de Clínicos e pela Comissão Americana de Hospitais, além da Comissão Médica dos Estados Unidos e do Canadá, que, em 1952, constituiu oficialmente o programa de acreditação da Joint Commission on Accreditation of Hospitals (JCAH) (26).

Para expressar a sua atuação em outros ambientes de saúde, além dos hospitalares, em 1988, a JCAH passou a ser Joint Commission on Accreditation on Healthcare Organizations (JCAHO), e, anos mais tarde, com o intuito de oferecer acreditação no âmbito internacional, foi criada a Joint Commission International (JCI) (27). Além do pioneirismo da JCI, o seu modelo de avaliação tem importante influência no mercado global da acreditação (8).

Os padrões da Joint Commission focam a segurança do paciente e a qualidade do atendimento, e são regularmente atualizados para acompanhar os avanços na área de saúde e medicina. No seu modelo hospitalar, são mais de 250 padrões contemplados que incluem desde direitos e educação do paciente, controle de infecção, gerenciamento de medicamentos e prevenção de erros médicos, até a avaliação sobre a forma com que o hospital verifica a competência e a qualificação de seus profissionais, como se prepara para possíveis emergências e como gerencia o seu desempenho baseado em dados para a promoção da melhoria contínua (28).

Outra importante instituição acreditadora surgiu em meados de 1989, com base no King's Fund, atualmente denominada de Casper Healthcare Knowledge Service (CHKS). Desde o seu primeiro serviço de *benchmarking* hospitalar no Reino Unido, esta acreditadora cresceu rapidamente, impulsionada pela aquisição de outras empresas do segmento, que ampliaram o seu escopo, fortaleceram o seu posicionamento como referência em programas de *benchmarking* hospitalar e de acreditação internacional do National Health Service (NHS), sistema de saúde do Reino Unido (29).

Fundada na Espanha, a Agência Andaluza de Qualidade da Saúde (ACSA) é outra instituição acreditadora da qualidade das organizações de saúde e assistência social que, além de atuar no território nacional, expandiu seu trabalho para outros países da Europa e da América Latina, a exemplo de Portugal e do Brasil. A ACSA é um organismo público vinculado ao Ministério da Saúde e da Família da Junta de Andalucía, com apoio da Fundação Progreso y Salud. Disponibiliza diferentes programas de certificação de acordo com o perfil da instituição e os níveis de atenção. Fundada em 2003, já certificou mais de 1.600 centros e unidades. O processo estabelecido pela ACSA inclui quatro grandes fases: 1) início do processo; 2) autoavaliação; 3) avaliação; e 4) certificação e monitoramento (30).

Também reconhecida a nível mundial, a instituição acreditadora Accreditation Canada é uma organização independente, não governamental e sem fins lucrativos, que disponibiliza programas de avaliação para organizações de saúde e serviço social personalizados para as necessidades locais, já que atua em mais de 38 países, o que inclui a cobertura de todo o território do Canadá. Seus mais de 120 padrões são desenvolvidos pela Health Standards Organization (HSO), com base nas evidências desenvolvidas mundialmente, em programas de avaliação e melhoria da qualidade, para atender as diversas instituições de serviço social e de saúde, ambientes, comunidades, culturas e idiomas. O principal programa de acreditação da Accreditation Canada é o QMentum, com foco no desenvolvimento do compromisso das instituições com a qualidade e a segurança dos pacientes. Este programa já está em uso em 30 países (31).

A Organização Nacional de Acreditação (ONA) é uma instituição brasileira responsável pelo desenvolvimento e pela gestão dos padrões de qualidade e segurança do paciente exclusivamente no país. Atua desde 1998 e, atualmente, é responsável pela acreditação de mais de 80% das instituições acreditadas no Brasil. Seus padrões incluem os diversos perfis de instituições de saúde, visando à adoção de boas práticas de gestão e assistenciais para a melhoria do cuidado ao paciente. O modelo de acreditação ONA contempla a avaliação em diferentes níveis, no intuito de acompanhar a melhoria contínua na gestão e nos processos das organizações de saúde: a) Nível 1 - Princípio Segurança: foca principalmente nas diretrizes e políticas organizacionais compatíveis com o perfil e porte da instituição avaliada. b) Nível 2 – Princípio Gestão Integrada: como principal norte está a gestão por processos, englobando desde a definição, classificação, modelagem e gerenciamento dos processos da instituição de saúde até a interação entre eles. O acompanhamento dos resultados é fator para avaliar as melhorias, considerando as diretrizes e políticas estratégicas; c) Nível 3 - Princípio Excelência em Gestão: avalia as evidências da maturidade organizacional, o relacionamento com os stakeholders, a estrutura de tomada de decisão baseada em conhecimento e aprendizado, com vistas à efetividade e sustentabilidade dos resultados institucionais, bem como, a responsabilidade socioambiental na promoção de melhorias contínuas. Os Níveis 1 e 2 são válidos por dois anos; já o Nível 3 possui validade de três anos (32).

Este subcapítulo não possui o intuito de fazer uma apresentação completa de todas as instituições acreditadoras existentes no mundo, tampouco sobre seus métodos de trabalho. Buscou-se fazer uma breve abordagem sobre as principais instituições acreditadoras reconhecidas pela ISQua com atuação nos países foco deste livro.

2.2 A acreditação hospitalar em Portugal

Para trabalhar e desenvolver os aspectos da qualidade e segurança nos cuidados em saúde, o Ministério da Saúde de Portugal, por meio do Instituto da Qualidade em Saúde (IQS), implementou o primeiro programa de acreditação no ano de 1999, com o modelo inglês, à época chamado de King's Fund, atual CHKS. Passados alguns anos, o modelo da JCI chegou a Portugal com a iniciativa da Unidade de Missão dos Hospitais S.A (25).

Com a extinção do IQS, anos depois a Direção-Geral da Saúde criou o Departamento da Qualidade na Saúde (DQS), por meio da Portaria nº 155/2009, que assumiu todas as responsabilidades do extinto instituto. Deste novo departamento derivou a Estratégia Nacional para a Qualidade na Saúde, e, associada a ela, o Programa Nacional de Acreditação em Saúde, com o compromisso de ser baseado em um modelo de acreditação sustentável e de acordo com as características do cenário da saúde português (25). Portugal, a exemplo de outros países, integrou a acreditação à estrutura de reformas mais amplas nos cuidados em saúde (8).

Não há, em Portugal, um modelo próprio, desenvolvido especialmente para o país, com vistas à acreditação em saúde. A DGS considerou encontrar um modelo externo que atendesse às necessidades portuguesas, uma vez que realizar todos os passos para a criação de um modelo próprio levaria demasiado tempo. Assim sendo, o modelo escolhido para as instituições públicas de saúde em Portugal foi o da ACSA, instituição acreditadora com sede na Espanha, hoje chamada de ACSA Internacional (25).

Segundo o Sistema Nacional de Saúde (SNS), existe mais de um modelo e programa de certificação e acreditação a ser utilizado em Portugal (33). Neste sentido, ainda que o modelo de acreditação oficial estabelecido pela DGS seja o da ACSA, os hospitais e as demais instituições de saúde públicas continuaram com a autonomia para utilizar outros modelos reconhecidos internacionalmente, uma vez que muitas destas já haviam sido reconhecidas por outras acreditadoras, nomeadamente a CHKS e a JCI.

2.3 A acreditação hospitalar no Brasil

Até os anos de 1990, as discussões sobre acreditação e qualidade no Brasil ocorriam de forma isolada. Foi por meio de um acordo firmado entre a OMS e a Organização Pan-Americana da Saúde (Opas) que começou uma ordenação dos estudos e compilação do entendimento coletivo, que derivou na elaboração de um Manual de Padrões de Acreditação para América Latina e Caribe. Este compêndio foi distribuído em 1992 às instituições associadas à Federação Brasileira de Hospitais (FBH) (34).

A iniciativa da OMS e da Opas não prosperou no Brasil, contudo, fomentou a composição de grupos de estudos sobre os processos de melhoria da qualidade em hospitais em quatro regiões do país. Estes estudos, ao serem capitaneados pelo Ministério da Saúde do país, deu origem, em 1998, ao Manual de Acreditação brasileiro, no qual foram padronizadas as iniciativas e as experiências dos grupos de trabalho regionais em um projeto nacional, baseadas no documento original da Opas e nas melhores práticas internacionais existentes (34).

Ainda na fase de testes do manual, realizado em hospitais de diversas regiões do Brasil, o Ministério da Saúde percebeu que seria necessário desenvolver um Sistema Brasileiro de Acreditação (SBA), a ser conduzido por uma instituição específica para este fim. Então, em 1999, nasceu a ONA, oficializada em 2001, por meio de uma portaria do MS que reconheceu as atribuições da organização. Alguns pontos definidos para a estrutura-base da ONA permanecem até hoje, a exemplo do Conselho de Administração plural, composto por representantes de entidades compradoras de serviços de saúde, prestadoras de serviços de saúde e órgãos governamentais (34).

Ainda que o Sistema Único de Saúde (SUS) não exija que os hospitais sejam acreditados pela ONA, os programas de acreditação têm auxiliado a implementação e a garantia da qualidade para uma melhoria progressiva nos serviços dos hospitais brasileiros, favorecendo que os profissionais sejam incluídos na mudança esperada, por meio da avaliação contínua, do estabelecimento de metas claras e da minimização de fragilidades com o objetivo único de aprimorar a qualidade da assistência prestada (35).

Desde a criação da ONA e do SBA, o Brasil foi recebendo novas instituições acreditadoras internacionais. Atualmente, a JCI, a QMentum e ACSA têm atuação no país com hospitais acreditados, contudo, ONA e JCI, respectivamente, são as que detêm maior número de hospitais adequados aos seus padrões.

"Controlar e reduzir desperdícios em saúde tornou-se primordial para a sustentação dos sistemas de saúde no Brasil e no mundo. Neste sentido, cada vez mais o pensamento Lean vem sendo inserido para a melhoria do cuidado ao paciente em toda a cadeia do setor sanitário. Precisamos agudizar nossos sentidos para uma visão sistêmica dos serviços em saúde para trazer um cuidado cada vez mais humanizado, com menos desperdícios e com mais atividades que agreguem valor para os pacientes, familiares e profissionais da saúde. Nesta obra Andréa Prestes traz com mais detalhes a necessidade de uma abordagem holística que considera a jornada do paciente de ponta a ponta, considerando a importância do Lean na Saúde e esta visão integrada para dar suporte aos processos de acreditação".

Marco Saavedra Bravo
Kaizen Manager no Hospital Sírio-Libanês

CAPÍTULO 3

LEAN HEALTHCARE

3.1 A origem do *lean*

O *lean* surgiu no Sistema Toyota de Produção (*Toyota Production System* – TPS), no Japão pós-Segunda Guerra Mundial, e teve sua criação atribuída ao engenheiro Taiichi Ohno. Os resultados alcançados foram excelentes, decorrentes das práticas implementadas com o foco na eliminação do desperdício para atribuir mais rapidez e flexibilidade aos processos, visando entregar aos clientes o que eles desejavam, quando desejavam, com o máximo de qualidade e a um custo interessante (36).

Foi por meio de um estudo de cinco anos sobre o futuro do automóvel, realizado por pesquisadores do Massachusetts Institute of Technology (MIT), de onde surgiu o livro *A Máquina que Mudou o Mundo*, publicado em 1990, que a filosofia da produção enxuta foi difundida e reconhecida mundialmente (37).

O propósito central do *lean* é a eliminação total dos desperdícios, de tudo aquilo que impossibilita o adequado avanço do processo, com o intuito de deixar apenas o que agrega valor na perspectiva do cliente (38). O *lean* busca a perfeição ao promover o trabalho sem paradas, ao eliminar as perdas e solucionar os problemas, com foco no fluxo de valor e no cliente.

Inicialmente, o *lean* foi muito associado às indústrias automotivas, ficando restrito à produção deste tipo de empresa. Ao longo dos anos, ganhou espaço em outros segmentos empresariais, a partir do interesse das organizações em descobrir o segredo dos bons resultados da Toyota. Foi assim que o *lean* passou a ser utilizado também em instituições de saúde (39).

3.2 O *lean* no segmento saúde

O *lean* passou a ser usado no setor saúde, em hospitais, a partir de 1990 (5). Neste segmento, encontrar formas de melhorar a qualidade da assistência prestada e, ao mesmo tempo, aferir mais eficiência, tem sido um dos principais desafios dos gestores. Somado a isso, existe a necessidade de responder às oscilações de demanda, à redução dos custos e à promoção de maior valor agregado ao paciente (40).

O *lean* tem contribuído para melhorar a qualidade do cuidado prestado ao paciente e a segurança, eliminar atrasos e reduzir a demora média, por exemplo, sem utilizar mais recursos para isso (41). Foi para qualificar uma instituição de alto desempenho ou que trabalha a jornada do paciente com foco no processo, construído por equipe multidisciplinar, com altos níveis de aprendizagem que oportunizam a melhoria contínua, que literaturas de saúde e clínicas começaram a descrever as abordagens dos sistemas enxutos de saúde, usando o termo *lean* para caracterizá-las (42).

Nesse sentido, o *lean* vem ganhando espaço, pois fomenta a redução dos custos ao impulsionar a melhoria da qualidade. Desmistifica a ideia de que melhorar a qualidade incide em aumento de custos de operação, uma vez que, ao aprimorar os processos organizacionais, a exemplo da prevenção de erros, é possível desencadear um impacto positivo para a redução dos custos do cuidado em saúde (5).

São muitos os resultados positivos conhecidos com a melhoria da qualidade que o *lean* vem ocasionando em diversos hospitais em todo o mundo. Contemplam desde resultados assistenciais, desempenho de funcionários e aspectos financeiros, a exemplo do UPMC St. Margaret Hospital, localizado na Pensilvânia (Estados Unidos), que reduziu em 48% os índices de reinternação de pacientes com doenças pulmonares obstrutivas crônicas (DPOC); já o St. Boniface Hospital, sediado em Manitoba (Canadá), obteve um aumento de 15% nos escores de comprometimento dos funcionários com a sua missão; e no Denver Health, hospital do Colorado (Estados Unidos), houve um resultado positivo de US$ 54 milhões, por meio da redução de custos e aumento das receitas (5).

Como uma das premissas do *lean* é eliminar desperdícios e agregar mais valor (43), o *lean healthcare* separa as atividades em duas grandes categorias: com valor agregado (VA) e sem valor agregado (NVA) (44). As atividades VA são aquelas indispensáveis às necessidades dos pacientes, enquanto as NVA consomem recursos (humanos, físicos, insumos, tempo etc.) e não contribuem para o atendimento do paciente. Acrescentamos aqui uma terceira categoria, que são as atividades que não agregam valor na perspectiva do paciente, contudo são necessárias ao negócio.

Figura 4. Análise de agregação de valor.

Fonte: Desenvolvida pela autora.

Desta forma, ao identificar as atividades NVA, consideradas desperdício, o próximo passo é estruturar ações para que sejam eliminadas. Desperdício é tudo o que não seja essencial para agregar valor, considerando a quantidade mínima de equipamentos, espaço, tempo, insumos e recursos humanos (41).

O lean foca a eliminação de oito principais tipos de desperdícios: superprodução; espera; transporte desnecessário; superprocessamento ou processamento incorreto; excesso de estoque; movimento desnecessário; defeitos; e desperdício da criatividade dos funcionários (45-47). Seguem alguns exemplos, adaptados ao contexto da saúde (48):

1. Superprodução: produção excessiva sem demanda real, resultando em desperdício de tempo, material e estoque. Exemplos incluem esterilização demasiada de bandejas ou pacotes de instrumentais, levando à perda de estabilidade e necessidade de reprocessamento; e produção excessiva de refeições, aumentando o desperdício de comida;

2. Espera: tempo entre uma etapa e outra do processo, em que os colaboradores ou pacientes precisam aguardar para serem atendidos, gerando filas internas. Exemplos: Centro de Material e Esterilizado (CME) esperar a entrega de campo cirúrgico para realizar a esterilização; Centro cirúrgico, aguardar a entrega do campo cirúrgico pela CME para iniciar os procedimentos; espera do paciente na urgência por um leito internação;

3. Transporte: deslocamentos desnecessários de itens ou pessoas. Exemplos: transporte de pacientes para realizar exame em horário diferente do agendado; técnico em laboratório ir

várias vezes para a mesma unidade de internação para realizar coletas em momentos distintos; camareira realizar entregas no mesmo local em diversos horários por falta de planejamento;

4. Superprocessamento ou processamento incorreto: atividades desnecessárias, em excesso, ou ainda, ter de repeti-las. Exemplos: exames sem necessidade ou com frequência superior ao preconizado; recoleta de amostras laboratoriais; sessões de terapias em excesso ou com tempo superior ao estimado;

5. Excesso de estoque: itens armazenados acima do necessário. Exemplos: postos de enfermagem com volume de insumos superior ao adequado; carrinhos de emergência com número de itens acima da necessidade e em diversas apresentações; materiais e medicamentos adquiridos e estocados em volume além do previsto, gerando mais gasto de espaço e dinheiro;

6. Movimento desnecessário: movimentação ou deslocamento dos profissionais sem utilidade durante o trabalho. Exemplos: enfermeiros se movimentando para localizar materiais essenciais aos curativos em pacientes; deslocamento de profissionais para buscar produtos que deveriam estar no posto de trabalho;

7. Defeitos: o que foi mal feito e que precisa ser corrigido, gerando retrabalho. Exemplos: montagem incorreta de kits medicamentosos; o relave de enxovais, devido à existência de manchas após a lavagem;

8. Talento: não uso do potencial de entrega do colaborador. Exemplos: subutilização do conhecimento dos profissionais; não aproveitamento de ideias dos colaboradores para a promoção de melhorias; desconsiderar a capacidade de contribuição dos profissionais e não os integrar aos projetos.

Muito além de trabalhar apenas a eliminação dos desperdícios em departamentos específicos, o *lean* pode se tornar a forma de gestão da organização, a maneira como a operação é conduzida, passando a integrar a estratégia (5). Por meio do pensamento *lean* e suas ferramentas associadas, os hospitais conseguem observar toda a jornada do paciente, percebem como o trabalho é feito, identificam e eliminam os desperdícios nos processos (41).

Por possibilitar uma análise detalhada dos processos para a eliminação dos desperdícios, o *lean* oportuniza a ampliação da qualidade no cuidado aos pacientes, contribui para que os problemas enfrentados pelas equipes sejam resolvidos, e assim, estas possam dedicar seus esforços e tempo à assistência aos pacientes (5).

O pensamento enxuto requer que os problemas sejam tratados com clareza e reconhecidos como oportunidades de melhoria nos processos (5). O foco deve ser a melhoria do fluxo assistencial, eliminar o esforço ineficaz e maximizar o valor aos pacientes. Isso tudo, por fim, ajudará a reduzir custos. Segundo o IOM, ao melhorar a qualidade a partir da redução de desperdícios causados por uso excessivo ou uso incorreto, ocorre um aumento de valor dos serviços de saúde, que pode ser compreendido como o benefício de saúde por dinheiro gasto (16).

O *lean* procura melhorar os resultados atingidos por meio da assistência prestada ao paciente, ao aperfeiçoar os processos de toda a cadeia produtiva do cuidado. Segundo Porter e Teisberg (2007, p. 22), o valor em saúde "só pode ser medido tomando-se por base o ciclo de atendimento, e não um procedimento, serviço, consulta ou exame isoladamente". De forma sintética, segundo os autores, o valor em saúde pode ser considerado como os resultados alcançados em relação aos custos, o que denota a inclusão da eficiência (49).

O *lean* possibilita uma melhora nas interfaces entre os processos independentes, evitando e rompendo barreiras que comprometem a realização de um trabalho coeso e conjunto, o que, de forma direta, oportuniza mais eficiência nas entregas. Ao reduzir riscos e custos e promover uma melhoria sustentável em longo prazo para as organizações hospitalares, o *lean* permeia todo o sistema organizacional, provocando mudanças positivas (5).

Para que resultados positivos sejam alcançados por meio do *lean*, é preciso que exista uma mudança na forma como as instituições são gerenciadas (41). O *lean* auxilia na análise de como o trabalho é executado e em quais pontos existem possibilidades de melhorias para a promoção de mais qualidade e produtividade, além de ser utilizado para a identificação e a solução de problemas enfrentados na execução diária do trabalho (5).

Para que o *lean* seja capaz de promover todos os impactos positivos na qualidade, é preciso que seja conduzido por liderança com visão sistêmica, persistência e capacidade. Encontrar lideranças capazes de implementar a estratégia transformadora do *lean*, a fim de afetar positivamente os cuidados em saúde aos pacientes, é um dos principais desafios (5). As lideranças têm o papel de desenvolver um olhar crítico nos colaboradores, para que sejam as principais fontes e promotores da melhoria na execução diária das suas atividades, e, cada vez mais, mudanças positivas sejam conquistadas e permaneçam, visto que "só é possível manter os ganhos de uma abordagem enxuta com o foco incansável na melhoria contínua de todos os processos" (Liker & Timothy N. Ogden, 2012, p. 13).

O *lean* oportuniza aos líderes das organizações compreenderem que o foco de análise e resolução dos problemas deve ser os processos que compõem todo o sistema, e não as pessoas. Desenvolve o entendimento de que é possível corrigir os problemas, fragmentar as ações e realizar pequenas melhorias no dia a dia, gerenciando-as para que, de forma coletiva e continuada, possam promover um ganho sustentável ao hospital (5). Os colaboradores, por sua vez, com o desenvolvimento do pensamento enxuto, compreendem que conseguem fazer mais com menos: esforço humano, equipamento, menos tempo e espaço, e, ainda assim, continuar a atender ao que os clientes querem, trazendo mais satisfação à execução do trabalho (43).

Isto é algo que necessita de uma base institucional que promova o desenvolvimento contínuo das pessoas. Incentive o aprendizado dos funcionários, com capacidade de promover uma cultura organizacional voltada para constantes ações de melhoria, para que desencadeiem no progresso da organização como um todo (5).

O *lean* se diferencia de outras abordagens de melhoria por promover um envolvimento dos profissionais para atuarem diretamente sobre os problemas relacionados às suas tarefas diárias (51). Estimula as equipes para que sejam detalhistas ao observar as possibilidades de melhorias sem que exista a dependência de um especialista externo para conduzir e determinar soluções aos equívocos detectados (5).

A execução das atividades laborais diárias de forma mais eficiente, com a implementação de melhorias em todo o sistema percebido de forma macro, possibilita menos esforço das pessoas para o atingimento dos resultados, ou seja, os indivíduos passam a ser afetados positivamente pelas melhorias (5).

O *lean* é comprovadamente uma metodologia capaz de ampliar a segurança e a qualidade e reduzir os custos dos cuidados em saúde, além de oportunizar diminuição de esperas e mais satisfação dos funcionários (5).

3.3 A visão sistêmica

A teoria dos sistemas não é uma abordagem nova de gestão. Contudo, ainda não existe uma definição universalmente aceita. O foco comumente utilizado é o de analisar cada organização como um corpo único e interconectado (42). Para complementar o presente estudo, buscou-se demonstrar o quão importante é a visão sistêmica nas instituições hospitalares. A pertinência do olhar macro da gestão nas organizações, considerando as muitas conexões, interações e inter-relações existentes (52), com vistas ao atingimento de melhores resultados na gestão da qualidade, especialmente no que tange aos processos de acreditação e de melhoria por meio do *lean*.

Nota-se um crescimento recente do enfoque ao pensamento sistêmico no setor da saúde, impulsionado pela complexidade das organizações, da burocracia e das hierarquias que as envolvem, do impacto de suas microculturas e dos conjuntos de habilidades e especialidades (42). A visão sistêmica oportuniza melhorias contínuas, por meio da análise dos processos individualizados, mas não isolados, ao considerar a ligação com os processos antecedentes e procedentes, desde os clínicos aos administrativos (10).

Compreende-se que, para promover melhores resultados, a gestão necessita clarificar os objetivos dos esforços institucionais para a melhoria da qualidade, oportunizar um alinhamento do trabalho executado e, consequentemente, a mitigação do esforço e a redundância de atividades, a partir do olhar do todo organizacional e integrado das partes. Ver a instituição de forma sistêmica é um dos fundamentos de W. Edwards Deming, em sua teoria do Sistema de Conhecimento Profundo (52), o que nos ajuda a compreender a sua importância na gestão das organizações.

Deming explica que a gestão precisa considerar as quatro perspectivas do sistema: 1) a visão sistêmica: ver a organização como um sistema composto de processos correlacionados; 2) o conhecimento da variação: processos e indicadores variam. É necessário estudar e aprender com essa variação; 3) a teoria do conhecimento: é preciso saber como gerar conhecimento sobre o que está em execução e compreender como disseminá-lo para toda a empresa; e 4) a psicologia: empresas são compostas por pessoas, com seus próprios objetivos e ambições. Compreendê-los é crucial para o sucesso da organização (52).

Peter Senger considera que o pensamento sistêmico possibilita coerência entre a teoria e a prática, unindo recursos ao invés de separá-los, conscientizando de que o todo pode exceder a soma das partes. O autor enfatiza que, para que haja pensamento sistêmico, é necessário: visão compartilhada; modelos mentais; aprendizagem em equipe e domínio pessoal (53).

Kralj destaca que perceber os problemas como decorrentes de um sistema geral, a partir da relação do todo, é a base do pensamento sistêmico que permite analisar a causa raiz e contextual, evitando que possa se agravar (54). A palavra sistema aqui utilizada significa o todo organizacional – setores ou equipes (55).

A gestão com a abordagem integrada, ao considerar a organização como um sistema, opõe-se ao trabalho isolado de departamentos ou processos, com o trabalho e a gestão distintos e independentes. É suposto que todas as partes desenhem e estabeleçam as conexões e as interações necessárias para as ações conjuntas, no intuito de atingir os objetivos comuns – neste caso específico, a melhoria da qualidade do serviço prestado.

Figura 5. Abordagem integrada da gestão.

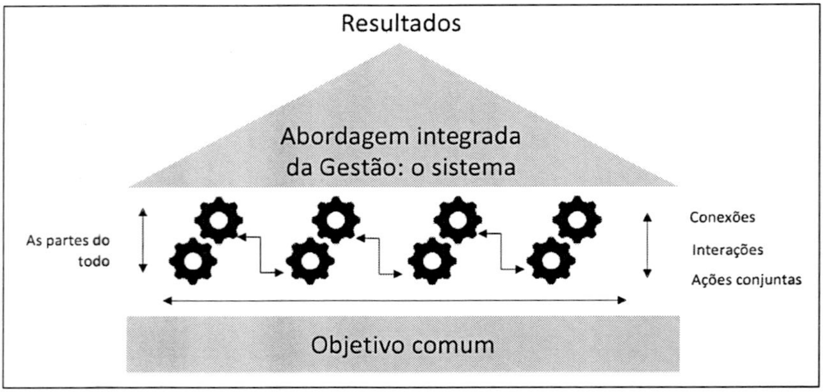

Fonte: Desenvolvida pela autora.

Uma visão do sistema da organização oportuniza a orientação a partir do macrofluxo único, mas sem desconsiderar as partes que o compõem. É necessário que todos os esforços organizacionais estejam alinhados no mesmo sistema, que deve ser desenhado para que a operação seja mais eficaz (55). As interações entre os vários processos e suas especificidades precisam ser percebidas e respeitadas, com o objetivo de otimizar a execução do trabalho, ao eliminar barreiras, interrupções e desperdícios, bem como possibilitar segurança assistencial, ao criar métodos de controle e sinalização de problemas organizacionais que poderão evitar as falhas nas atividades. Olhar para o todo de forma integrada ajuda, ainda, a criar um foco de longo prazo, ao não buscar culpados pelos resultados insatisfatórios, uma vez que os gestores têm sua concentração em impulsionar os pontos sistêmicos para o bom resultado.

É imperioso que, ao planejar ações de melhoria nos hospitais, seja considerada toda a cadeia de valor da assistência, bem como os processos que sustentam a sua execução, com o entendimento de continuidade e integração dos fluxos, uma vez que, ao se abordar melhorias em organização com sistema complexo, o conhecimento das inter-relações e interdependências torna-se fundamental para que não sejam desenvolvidas atividades sobrepostas e desconexas, além de que, segundo Rich e Piercy (Rich & Piercy, 2013, p. 7), "as dependências dentro de um sistema significam que uma falha em um ponto é influenciada por outras partes do sistema, e, por sua vez, influencia outras partes do sistema".

É necessário que os gestores compreendam que a organização deve ser observada como um sistema integrado. O fato de melhorar uma parte do sistema não significa que o resultado impactará a empresa como um todo. Da mesma forma, precisa existir a compreensão de que, ao otimizar um processo, não significa que ele estará operando com o máximo de benefício para todo o sistema (56).

Neste ínterim, ter pensamento sistêmico, conhecer ferramentas e métodos de gestão que possam ser complementados para o atingimento dos objetivos é essencial para a melhoria da qualidade nos serviços hospitalares. Para Deming, o propósito de uma organização é o de criar um sistema que proporcione benefícios a todas as partes interessadas (57). O maior desafio para a implementação das atividades de melhoria da qualidade na área da saúde é o trabalho alinhado, ao considerar a necessidade de interação em duas principais vertentes: clínica e gerencial (10).

Deming alertou sobre a alta porcentagem de problemas atribuíveis ao sistema em relação às causas especiais (fora do sistema), tirando a relação direta da ocorrência de erros à ação humana. Obviamente, isso não quer dizer que os problemas sejam inevitáveis, apenas significa que a maneira mais eficaz de evitar tais problemas no futuro é melhorar o sistema (58).

O trabalho para a promoção da melhoria da qualidade inclui a gestão da mudança organizacional, que o torna um processo complexo por envolver treinamentos específicos, disseminação do conhecimento sobre métodos e abordagens de melhoria, equipes dedicadas às ações de melhoria, disponibilização de dados, entre outros fatores (10).

Autores consideram que não é necessário desenvolver uma nova metodologia para a implementação de melhorias no segmento saúde, e, sim, buscar a integração das existentes, conciliando conflitos entre elas, absorvendo o aprendizado de cada perspectiva, a fim de promover a melhoria contínua (10).

Assim sendo, repensar o desenho dos processos na área da saúde incluem questões implícitas e explícitas para o utente, os recursos necessários para a execução da atividade e a maneira como são executados. O intuito deve ser o de proporcionar melhorias nos processos operacionais para ampliar os resultados positivos aos clientes (20). Neste sentido, o *lean* se destaca por auxiliar na melhoria da qualidade dos processos, bem como na otimização dos fluxos para a promoção do pensamento sistêmico (10), ao passo que o processo de acreditação estabelece os padrões e requisitos de qualidade que direcionam os esforços de melhoria.

O pensamento sistêmico é essencial para conectar as crescentes iniciativas internas dos hospitais, com o propósito de melhorar a qualidade do cuidado e, principalmente, a segurança do paciente, apesar de serem escassas as pesquisas sobre o tema, o que denota a existência de um campo fértil e importante para o desenvolvimento de estudos acadêmicos direcionados à ciência da melhoria. A suposta inexistência de uma metodologia considerada ideal para a abordagem da melhoria é um ponto de discussão devido à necessidade de colaboração entre as múltiplas disciplinas na área da saúde (10).

Nesse sentido, é necessário alinhar todos os esforços de melhoria e controles internos, a exemplo das ferramentas de medição, como o uso de indicadores, que foram os primeiros desenvolvimentos da qualidade pela enfermagem (10) e reconhecer que os resultados não são necessariamente iguais à qualidade (20). É necessário que o olhar sistêmico amplie a concepção de qualidade existente nos hospitais e passe a incluir na análise do impacto positivo que deve advir da melhoria da qualidade, além das questões diretamente relacionadas à assistência prestada aos utentes, pontos como maior faturamento, redução de custos, mais produtividade e melhor uso dos recursos (20).

É esperado que as pessoas percebam um serviço ou produto de formas distintas, embasadas em suas vivências pregressas, seu conhecimento e suas expectativas individuais. No caso de serviços de saúde, por exemplo, os utentes podem não ter a capacidade de analisar tecnicamente, e tendem a utilizar como base de avaliação da qualidade a conduta dos profissionais que prestaram a assistência (20).

"As diferenças culturais entre países são como as cores vivas do mundo e refletem a diversidade de realidades em hospitais pelo globo. No entanto, o que deve ser comum em todos eles é a busca pela excelência nas práticas de gestão, fator essencial para assegurar a qualidade e segurança aos pacientes, colaboradores e visitantes e a sustentabilidade organizacional."

Andréa Prestes

CAPÍTULO 4

EXPLORANDO O CENÁRIO DOS HOSPITAIS BRASILEIROS E PORTUGUESES

Neste capítulo, você terá a oportunidade de conhecer as principais características dos hospitais portugueses e brasileiros que serviram de base para a construção deste livro, compreender o motivo de terem sido escolhidos, suas principais características, quais dados foram compilados para que fosse possível realizar a comparação, como esses dados foram acessados e analisados. Vai poder mergulhar nas informações processadas e aprender com a brilhante experiência desses hospitais que, apesar das barreiras, fazendo o máximo uso dos fatores facilitadores, com erros e acertos, buscam a cada dia fazer a diferença no serviço que entregam à população atendida.

4.1 Descobrindo o caminho

Interessante destacar que não foi identificada (até a presente data) obra anterior, seja em formato de livro ou pesquisa científica, tanto no Brasil quanto em Portugal ou em outro país do mundo, que abordasse a união dos dois assuntos: a acreditação e o *lean*. Esse ponto leva a crer que existe uma lacuna importante que merece um olhar atencioso para a criação de subsídios que possam auxiliar os hospitais na construção de modelos práticos de trabalho, sustentados nas experiências de tantos hospitais que já se encontram vivendo esse processo, e assim facilitar o caminho daqueles que ainda vão ingressar nessa trajetória da melhoria contínua.

Para a construção desta obra, um ponto importante da construção do aprendizado e rico de informações foi o contato com os profissionais responsáveis pelos processos de acreditação e *lean* nos hospitais. Estes profissionais contribuíram substancialmente e qualitativamente para a construção do entendimento aqui presente. O intuito foi o de conhecer e trazer à tona as perspectivas e os pensamentos dos gestores da qualidade no contexto real, para auxiliar no esclarecimento sobre os resultados alcançados, sejam eles positivos ou nem tanto.

O envolvimento dos gestores da qualidade foi essencial para esclarecer o contexto experienciado pelos demais profissionais envolvidos nos processos com o *lean* e a acreditação nos hospitais de ambos os países e fornecer uma ideia aproximada sobre a visão dos próprios gestores da qualidade, no que tange o uso do *lean* em hospitais acreditados. A ideia foi a de construir um entendimento sobre os cenários destes hospitais sob diversos aspectos e ângulos que permitisse ampliar o conhecimento das práticas e experiências com o uso do *lean*, associado a acreditação, e, ainda, enriquecer com exemplos para estimular e ampliar a compreensão daquilo que pode ser utilizado por demais profissionais de outros hospitais, assim como gestores da qualidade, gestores de áreas, e todos aqueles que participam ativamente dos projetos *lean* e acreditação em suas realidades hospitalares.

Para que a fala dos gestores da qualidade não desviasse o foco das análises e causasse interferências no que era suposto conhecer, foi utilizado um guia padronizado que orientou o registro destas importantes participações. É claro que foi necessário, em muitos momentos, lançar mão da minha visão holística e sistêmica baseada na minha experiência na direção de hospitais. Os gestores da qualidade foram conduzidos para responderem aos questionamentos com o uso de "como" ou "por quê", com o cuidado de não existir interferência no comportamento destes profissionais, para que relatassem o máximo de informações do contexto experienciado por eles.

4.2 Identificando os hospitais

Para identificar os hospitais nos dois países e comparar o cenário experienciado por eles no uso do *lean* integrado aos processos da acreditação, utilizamos critérios que permitissem selecionar àqueles que por suas características individuais, pudessem ser, de fato, comparáveis com um grupo similar, para não haver o risco de comparar alhos com bugalhos, como já refere aquele velho ditado.

Isso posto, e ao considerar que o foco é aprendermos com a experiência dos hospitais brasileiros e portugueses que integram o *lean* aos projetos de melhoria para a acreditação, foram definidos dois requisitos essenciais para a elegibilidade:

1. Ser um hospital acreditado; e

2. Ser um hospital que usa o *lean* em projetos de melhoria de qualidade.

Foram selecionados apenas os hospitais que atendiam a ambos os requisitos. O intuito de selecionar somente hospitais acreditados é que, habitualmente, estas organizações necessitam estabelecer estruturas internas de trabalho no âmbito da gestão da qualidade, sendo provável que tenham desenvolvido mais maturidade neste processo em comparação aos que ainda não alcançaram a acreditação (59). O segundo critério da escolha está relacionado ao uso do *lean* em projetos de melhoria nestes hospitais acreditados, requisito complementar para subsidiar a construção do conhecimento sobre a proposta de aprendizado.

Importante ressaltar que um critério complementar utilizado foi que os hospitais deveriam possuir acreditação no seu todo, no intuito de minimizar um possível viés da pesquisa, visto que, no caso de serem incluídos hospitais com acreditação parcial (em um único serviço/setor ou em alguns serviços/setores), poderia tornar frágil a avaliação da possível integração do *lean* ao projeto de acreditação institucional, pois a acreditação poderia ter sido conquistada por serviços, sem que estes tivessem sido alvo de projeto *lean*.

Em resumo, os hospitais estudados para o desenvolvimento deste livro foram aqueles considerados elegíveis de acordo com os critérios estabelecidos: acreditação total, utilizadores do *lean* e que os gestores da qualidade aceitaram contribuir com a construção de conhecimento por meio deste livro.

4.3 Selecionando os hospitais

Para identificarmos os hospitais com características para integrarem a construção desta obra, seguimos alguns passos sequenciais no cenário dos hospitais portugueses e brasileiros. Cabe ressaltar que a primeira parte desta etapa foi direcionada ao setor hospitalar português, uma vez que o número de hospitais é consideravelmente menor do que no mercado brasileiro e, consequentemente, as unidades hospitalares elegíveis e que aceitariam participar também seriam em número menor. Esta busca por hospitais elegíveis foi realizada de maio a setembro de 2021. Os passos utilizados para guiar esta etapa são descritos a seguir.

1. Hospitais portugueses

a. **1º passo:** conhecer o número total de hospitais existentes em Portugal – públicos, privados, parceria público-privada (PPP), do setor social, ou privados sem fins lucrativos.

Este levantamento ocorreu por meio do acesso ao portal do Instituto Nacional de Estatística (INE), na página inicial "Produtos", e, em seguida, "Base de Dados". Foram selecionados os filtros relativamente ao número de hospitais e à localização geográfica. O resultado obtido foi o seguinte: um total de 238 hospitais; destes, 220 no Continente, 8 na Região Autônoma dos Açores e 10 na Região Autônoma da Madeira. Conforme informação existente no rodapé da página *web*, a última atualização destes dados foi em 13 de maio de 2021 (60).

b. **2º passo:** identificar os hospitais acreditados em Portugal.

Não foi localizada uma única página *web* com esta informação. Então, para compor, a pesquisa incluiu duas formas distintas de busca:

- Hospitais públicos: para conhecer quais hospitais públicos possuíam acreditação pelo modelo ACSA, metodologia utilizada para a acreditação dos serviços de saúde públicos em Portugal, realizou-se uma busca por meio do Portal do Serviço Nacional de Saúde (SNS), no tópico "Transparência" (61). A partir do ícone "Catálogo", foi selecionada a opção "Certificação de Unidades de Saúde", utilizando o filtro da data até abril de 2021. Esta pesquisa resultou em 21 hospitais, distribuídos nas diversas regiões de saúde, com pelo menos um serviço acreditado. Ressalta-se que a metodologia de acreditação ACSA, utilizada pelo SNS, possibilita que serviços/setores sejam acreditados de forma isolada. Significa dizer que não existe prerrogativa que obriga o hospital a buscar a acreditação total, ou seja, passar por avaliação e atingir os padrões de qualidade estabelecidos previamente pela acreditadora em todos os setores/serviços (62);

- Hospitais acreditados por outras instituições acreditadoras em Portugal (públicos, privados, PPP ou outros): é de conhecimento comum dos profissionais que atuam na qualidade em saúde em Portugal que, além da instituição acreditadora ACSA, têm atuação no segmento da acreditação em saúde no país as empresas CHKS e JCI, caracterizadas anteriormente nesta obra. Desta forma, a pesquisa foi complementada por meio do acesso à página de ambas as instituições acreditadoras em 19 de maio de 2021, utilizando o filtro por país "Portugal". Na busca realizada no Portal da JCI, foram identificados 9 hospitais acreditados a partir dos padrões desta instituição. Destes, 5 hospitais privados, 3 PPP e apenas 1 público (63). Já no *site* da CHKS, a pesquisa resultou em 5 hospitais acreditados por esta instituição, sendo todos públicos (64).

c. **3º passo:** identificar os hospitais que possuem acreditação total.

Uma vez que o foco foi incluir os hospitais acreditados no seu todo, não foram consideradas elegíveis as instituições pertencentes ao modelo de acreditação da ACSA, utilizado pelo SNS, visto que não foi identificado hospital com acreditação total por esta metodologia. Foram considerados elegíveis aqueles acreditados pela JCI e pela CHKS, uma vez que estes hospitais possuem acreditação total (acreditação em todos os serviços do hospital) de ambas as instituições acreditadoras, o que totalizou 14 hospitais, sendo 5 hospitais privados, 3 PPP e 6 públicos.

d. **4º passo:** identificar os hospitais que possuem acreditação total e utilizam o *lean*.

Neste passo é que ocorreu o filtro dos hospitais, sendo que "utilizar o *lean*" foi o requisito necessário para inclusão da unidade hospitalar como parte desta pesquisa base para a construção deste livro. O ponto de partida foram os 14 hospitais elegidos no passo anterior. Como o intuito não é divulgar quais são os hospitais abordados, passamos a utilizar um número sequencial para identificá-los: Hospital 1; Hospital 2; Hospital 3; e assim por diante, até o Hospital 14.

Inicialmente, realizou-se pesquisa nas páginas da *web* dos 14 hospitais para tentar identificar notícias ou informações que viessem a referir o uso do *lean* em projetos de melhoria. Esta pesquisa não foi capaz de ofertar as respostas necessárias. Como segunda tentativa, foram buscados, nos próprios *sites* dos hospitais, um endereço de *e-mail*, ou, ainda, um número de telefone para contato. Infelizmente, esta abordagem não teve resultado satisfatório. Dos poucos contatos identificados, quando acionados, nem todos repercutiram respostas favoráveis. A alternativa complementar utilizada a seguir foi por meio da página do LinkedIn (LinkedIn, 2021).

As buscas pelo LinkedIn ocorreram da seguinte forma: 1) localizadas as páginas de cada hospital (dos 14 selecionados). Uma vez na página do hospital, foi selecionado o ícone "Pessoas" – que permite saber quais pessoas estão com o seu perfil profissional ligadas a este hospital –, e, em seguida, foram incluídos os cargos "Gestor da qualidade"; "Diretor da qualidade"; "Qualidade"; "Segurança do doente", *"Director of quality"*; *"Quality and patient safety"*. A partir do resultado da busca, era possível identificar um ou mais profissionais, para os quais foram enviadas mensagens "privadas" com a apresentação da autora e a contextualização da proposta deste livro, seguida de duas perguntas: i) se o hospital usa o *lean* em projetos de melhoria, e, no caso de a resposta ser afirmativa; ii) se o profissional estava disposto a contribuir compartilhando a sua experiência real nos projetos daquele hospital.

Cabe ressaltar que o foco foram os gestores da qualidade dos hospitais de ambos os países, para que pudessem expor suas experiências e percepções sobre a acreditação e os projetos *lean* realizados na unidade onde trabalham.

O resultado obtido está descrito a seguir:

- Hospitais 1, 2, 9 e 10 responderam às mensagens, informando que não utilizam o *lean* em seus projetos de melhoria (2 privados, 1 público e 1 PPP);

- Hospitais 3, 5 e 11, após contatos iniciais, não deram continuidade ao agendamento das entrevistas (1 privado, 1 público e 1 PPP);

- Hospitais 4, 6, 7, 8 e 12 não responderam aos contatos (3 privados, 1 público e 1 PPP);

- Hospitais 13 e 14 aceitaram participar da pesquisa e foram considerados hospitais participantes (2 públicos).

Figura 6. Hospitais participantes do cenário português.

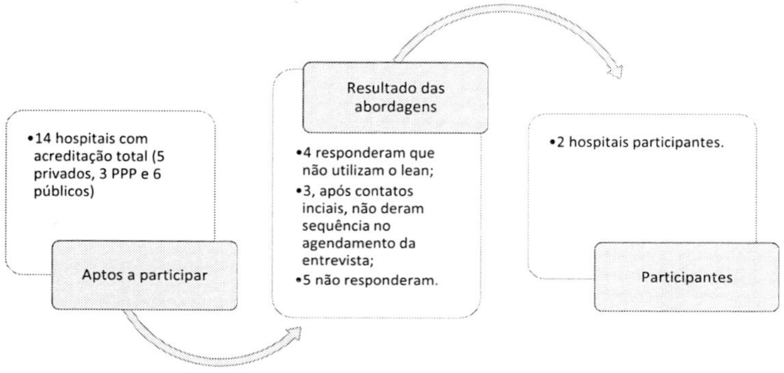

Resultado das abordagens

•14 hospitais com acreditação total (5 privados, 3 PPP e 6 públicos)

Aptos a participar

•4 responderam que não utilizam o lean;
•3, após contatos inciais, não deram sequência no agendamento da entrevista;
•5 não responderam.

•2 hospitais participantes.

Participantes

Fonte: Elaboração da autora.

Esses dois hospitais portugueses participantes, a partir desta parte do livro, serão denominados de Hospital 1 e Hospital 2, respectivamente.

2. Hospitais brasileiros:

A partir da identificação de quais hospitais possuem a acreditação total em Portugal, que utilizam o *lean* em projetos de melhoria e que aceitaram participar da pesquisa, é que foram iniciadas as buscas pelos hospitais brasileiros para integrar o estudo. Significa dizer que, a partir do perfil identificado destas organizações hospitalares portuguesas participantes, é que se deu a busca dos hospitais brasileiros. A lógica de pesquisa utilizada no cenário brasileiro não seguiu a mesma sequência da busca dos hospitais portugueses, tendo em vista a existência de mais de 6.500 hospitais no Brasil (66).

Para a seleção dos hospitais brasileiros, foi utilizada a seleção intencional (67), a partir da inclusão de dois componentes de comparação à amostra portuguesa, a fim de obter semelhanças e diferenças na forma da utilização do *lean* em projetos internos, e, assim, oferecer mais robustez na discussão e na conclusão deste estudo. Os dois componentes foram:

- Componente 1: hospital acreditado por instituição internacional (atuante no Brasil e em Portugal);

- Componente 2: hospital acreditado com pelo menos três ciclos de acreditação. Este componente foi escolhido, uma vez que os dois hospitais portugueses participantes ultrapassaram os três ciclos de acreditação.

A partir dos dois componentes acima relacionados, a busca pela amostra brasileira seguiu os seguintes passos:

a. **Passo 1:** aceder aos *sites* das instituições acreditadoras internacionais (conforme componente 1).

A partir das buscas realizadas no passo 1, foram identificadas as instituições acreditadoras internacionais que atuam no Brasil. São elas:

- QMentum International, da Accreditation Canada, metodologia aplicada no Brasil por meio da Joint Venture com o Health Standards Organization (HSO) desde 2007 (68);

- Agencia de Calidad Sanitaria de Andalucía (ACSA), por meio do Instituto Brasileiro para Excelência em Saúde (IBES), desde o ano de 2018 (69);

- Joint Commission International (JCI), por meio de um convênio com o Consórcio Brasileiro de Acreditação (CBA), desde o ano 2000 (70).

Ao considerar os dois componentes descritos para a escolha da amostra dos hospitais brasileiros, identificou-se que apenas os hospitais acreditados pela JCI estariam aptos a integrar a pesquisa, visto que a metodologia da QMentum International não é utilizada em Portugal, e, assim, não atende ao componente 1. Já a metodologia da ACSA começou a ser utilizada no Brasil apenas a partir de 2018; desta forma, não atende ao componente 2, uma vez que os hospitais acreditados por esta instituição ainda não chegaram no número de ciclos requeridos para a inclusão nesta pesquisa.

b. **Passo 2:** realizar o levantamento dos hospitais acreditados pela JCI com três ciclos ou mais de acreditação.

A busca foi feita pelo *site* do CBA (70), onde é possível identificar o nome do hospital e a localidade. Foram relacionadas 39 unidades hospitalares.

c. **Passo 3:** a partir da lista dos 39 hospitais acreditados pela JCI, foi iniciada uma busca por meio de seus *sites* para identificar o tempo de acreditação (três ciclos ou mais).

Dos 39 hospitais, 15 foram acreditados até 2012, sendo considerados aptos a integrar a pesquisa; 19 entre 2013 e 2020, considerados inaptos por não atender ao componente 2; e em 5 hospitais não foi identificada a data da acreditação.

d. **Passo 4:** a partir da relação dos 15 hospitais aptos a integrar a pesquisa, iniciou-se os contatos com os profissionais gestores da qualidade por meio do LinkedIn e do *e-mail*.

Destes, 9 hospitais não retornaram o contato; 1 informou que não utiliza o *lean*; 2 responderam aos contatos, mas não chegaram a viabilizar agenda para a realização das entrevistas; e 3 unidades hospitalares participaram da pesquisa.

e. **Passo 5:** foram realizadas as pesquisas com os 3 hospitais participantes, sendo 2 hospitais privados e 1 hospital filantrópico.

Figura 7. Hospitais da amostra e participantes do cenário brasileiro.

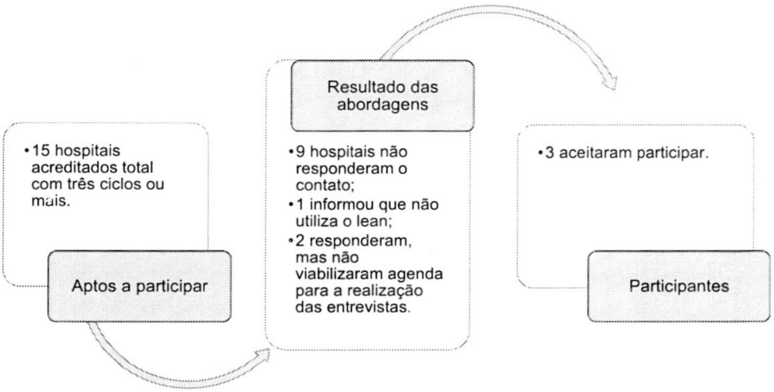

Fonte: Elaboração da autora.

Estes 3 hospitais participantes da amostra brasileira, a partir desta parte do livro, serão denominados de Hospital 3, Hospital 4 e Hospital 5.

No quadro 1, estão relacionadas e caracterizadas, de forma macro, as unidades hospitalares participantes, a fim de manter a confidencialidade do hospital, bem como dos gestores da qualidade que participaram da pesquisa.

Quadro 1. Caracterização dos hospitais participantes da pesquisa.

Hospitais portugueses participantes: Hospitais 1 e 2		
• Hospitais públicos; • Localizados na área metropolitana de Lisboa; • Contam com mais de 300 camas hospitalares; • Possuem acreditação total; • Profissionais entrevistados: gestores responsáveis pelo serviço interno da qualidade.		
Hospitais brasileiros participantes		
Hospital 3	**Hospital 4**	**Hospital 5**
• Hospital filantrópico; • Localizado na capital de um importante estado da região Sul do Brasil; • Conta com mais de 300 camas hospitalares; • Possui acreditação total e já superou os três ciclos; • Profissional entrevistado: gestor responsável pelo serviço interno da qualidade.	• Hospital privado; • Localizado na capital de um importante estado da região Sul do Brasil; • Conta com mais de 300 camas hospitalares; • Possui acreditação total e já superou os três ciclos; • Profissional entrevistado: gestor responsável pelo serviço interno da qualidade.	• Hospital privado; • Localizado na capital de um importante estado da região Sudeste do Brasil; • Conta com mais de 300 camas hospitalares; • Possui acreditação total e já superou os três ciclos; • Profissional entrevistado: gestor responsável pelo serviço interno da qualidade.

Fonte: Elaboração da autora.

4.4 Conversas e descobertas

Para conhecer os aspectos dos hospitais portugueses e brasileiros selecionados, foi realizado levantamento de dados e informações públicas e entrevistas com os gestores da qualidade dos hospitais.

Se considerou que as conversas com os gestores da qualidade seriam essenciais para o entendimento dos casos, recolha de informações importantes que nos levariam a compreender pontos essenciais para a construção do conhecimento, além dos requisitos já referidos anteriormente, sendo este um fator decisivo para a escolha dos hospitais.

Dessa forma, para ser considerado um hospital apto a participar do estudo ora apresentado, os hospitais portugueses e brasileiros deveriam ter acreditação total e que utilizar o *lean*. Para que a existência de parâmetros comparativos entre os hospitais, os hospitais brasileiros além de possuir os requisitos utilizados para a amostra portuguesa - acreditação total e usar o *lean* - deveriam atender a dois componentes de comparação adicionais: ter passado por, pelo menos, três ciclos de acreditação atribuídos por instituição acreditadora internacional que atua em ambos os países (Portugal e Brasil). A partir de então, foi possível realizar a recolha de dados, conforme descrito a seguir.

4.5 Conversando com os gestores da qualidade

A entrevista é uma técnica de coleta de dados baseada na interação social, em que o pesquisador busca, por meio do diálogo, coletar com o entrevistado dados relevantes ao tema estudado (71). A entrevista decorre de uma discussão orientada e alinhada ao tema do estudo, por meio da qual é possível perceber a opinião concreta e mais profunda dos entrevistados, ao se estabelecer uma relação de confiança a partir de uma conversação natural entre entrevistador e entrevistado (72).

Para a elaboração deste livro, foi utilizada a entrevista semiestruturada, que possui a característica de ser mais aberta, com perguntas previamente estabelecidas, sem a disponibilização de alternativas de respostas aos entrevistados, a fim de que possam se manifestar livremente (71). Elaboramos e seguimos um guia com perguntas norteadoras relacionadas aos quatro focos de abordagem, tornando possível conhecer a visão dos gestores da qualidade participantes, buscar evidências e itens comparativos para aprendermos com os hospitais estudados, construirmos conhecimento, bem como ser base para reflexões futuras: 1) acreditação; 2) *lean*; 3) a acreditação e o *lean;* e 4) conclusão, descritos a seguir:

Parte 1 – Acreditação

Por meio do grupo de perguntas sobre este tema, buscou-se saber o histórico do trabalho, a existência de objetivos organizacionais claros para o início do projeto, a exclusividade de um profissional para gerenciar o trabalho relativo à acreditação, bem como sobre a existência de uma equipe interna de apoio à implementação das ações necessárias. Também se pretendeu identificar a forma que o hospital utilizou para a divulgação e a formação das equipes, acerca do que é a acreditação hospitalar, as motivações da instituição em trabalhar para este objetivo, e, ainda, perceber se existiram barreiras para a execução dos trabalhos e como estas foram superadas, método ou ferramentas da qualidade utilizadas para a obtenção dos resultados positivos iniciais e à sustentação deles, bem como a rotina de controle. De forma geral, pretendeu-se identificar a condução macro do trabalho voltado ao atendimento dos padrões e requisitos designados e necessários para que o hospital fosse avaliado positivamente no processo de acreditação.

Parte 2 – *Lean*

As perguntas deste grupo foram direcionadas ao *lean* para identificar o marco temporal do seu início no hospital e a motivação para a sua utilização. A intenção foi a de perceber como ocorreram os passos iniciais para o uso do *lean*; a existência de um profissional responsável pelo trabalho; identificar se houve a formação de equipe específica para a execução das atividades; a forma de divulgação interna e o treinamento dos funcionários envolvidos; como foi a experiência com o primeiro trabalho *lean*; onde ocorreu (em um processo ou área específica). Também se buscou saber se houve barreiras enfrentadas neste primeiro projeto e sobre a existência de trabalhos *lean* posteriores, e, no caso de existirem outros trabalhos, como se dá a tomada de decisão, além de saber a opinião quanto à necessidade de serem realizados mais projetos *lean*. Toda esta abordagem foi no intuito de identificar o cenário primário experienciado pelo hospital no uso do *lean* e seus reflexos.

Parte 3 – A acreditação e o *lean*

Nesta etapa, as perguntas tiveram o objetivo de perceber a existência de ligação dos projetos *lean* à acreditação, ou seja, se, ao iniciarem os projetos *lean*, o objetivo estava alinhado às atividades necessárias para a melhoria contínua decorrente do processo de acreditação, identificar se a condução dos trabalhos *lean* foi realizada pelo mesmo profissional responsável pela acreditação, e, no caso de não ser, se existiu integração das pessoas envolvidas para o ajuste e o alinhamento das ações. Ainda se pretendeu identificar a percepção do profissional entrevistado sobre a existência de interferência dos trabalhos *lean* aos resultados da acreditação; como o *lean* pode colaborar com os ciclos de melhoria contínua; a existência de barreiras na integração do *lean* à acreditação e como podem ser superadas.

Parte 4 – Conclusão

Nesta etapa de encerramento da entrevista, o foco foi ouvir as considerações finais e possíveis contribuições adicionais aos pontos 1, 2 e 3 que, porventura, não foram abordados pelo entrevistador e que, na percepção do entrevistado, são fatores importantes à discussão do tema central do livro, além de buscar saber a opinião do entrevistado quanto à necessidade complementar a entrevista com outro profissional do hospital.

Foram realizadas cinco entrevistas, entre os meses de junho a setembro de 2021. Destas, dois participantes de Portugal e três do Brasil. Todos os profissionais entrevistados ocupavam o cargo máximo para a gestão da qualidade em cada hospital. A nomenclatura utilizada nos hospitais portugueses para o cargo é diretor da Qualidade; já no Brasil, os profissionais com a mesma função ocupam o cargo de gerente da Qualidade.

As pesquisas tiveram duração média de 48 minutos (41 minutos na entrevista que demorou menos tempo e 77 minutos na entrevista que demorou mais tempo). Aconteceram por meio da plataforma *on-line* Google Meet. O fato de, desde o primeiro momento, os contatos da pesquisadora terem sido diretamente com os profissionais gestores da qualidade dos hospitais elegíveis tornou o processo (aceite, agendamento e realização da entrevista) mais ágil, por não possuir intermediários.

É interessante destacar que estes profissionais eram o foco para a realização das entrevistas, a fim de que seus pontos de vista, abordagens e posicionamentos fornecessem subsídios à composição das respostas aos objetivos desta pesquisa. Para garantir que nenhuma das falas dos entrevistados fossem perdidas, as entrevistas foram gravadas com a autorização dos participantes e transcritas posteriormente pela pesquisadora.

O roteiro utilizado para a execução das entrevistas encontra-se anexo a esta obra.

A recolha dos dados para a realização da análise documental se deu por meio de buscas na internet, ocorridas entre os meses de junho a setembro de 2021, diretamente nos *sites* dos hospitais participantes, nos quais se procurou levantar informações oficiais segmentadas em áreas específicas sobre o tema "qualidade" e notícias divulgadas pelas unidades de saúde que envolvessem os dois temas centrais desta obra: "acreditação" e a variação possível, incluindo a palavra "certificação"; e *"lean"*.

4.6 Desvendando os dados

Na análise dos dados levantados para a elaboração deste livro, foi utilizada a análise temática, que é considerada um método para identificar, analisar e emitir padrões dos temas estudados com base nos dados coletados. Por meio da análise temática, foi possível descrever e organizar o conjunto de dados conforme as informações recolhidas, criar significados e realizar uma avaliação rica e detalhada (73).

O uso da análise temática foi essencial por possibilitar a extração de ideias centrais e conceitos, o que reforça o papel ativo do pesquisador nesta seleção e identificação, e, destes, elencar os de maior interesse e relevância para a construção do livro (73).

Foram usadas seis fases que serviram de norte no processo de entendimento de todos os dados coletados para entendimento do cenário dos hospitais: 1) leitura e levantamento dos pontos principais; 2) codificação; 3) agrupamento em temas mais abrangentes possíveis; 4) revisão dos temas e criação de representação visual; 5) aperfeiçoamento dos temas para a análise; 6) geração do relatório. A seguir, relata-se como foram executadas as seis fases:

Fase 1

Nesta fase, as gravações das entrevistas foram totalmente transcritas para documentos Word. A partir das transcrições, foi possível iniciar a familiarização da autora aos pensamentos dos entrevistados, com leituras e releituras dos textos salvos em arquivos digitais. Foi utilizado o recurso "realce do texto" para realizar grifos coloridos a fim de separar as principais ideias. Nesta fase, ocorreu a imersão do autor nos dados coletados, por meio da leitura repetida e ativa, para começar a tomar notas dos pontos principais identificados e marcar ideias centrais para o início da codificação a ser realizada em seguida.

Fase 2

A partir da leitura e da familiarização dos dados, deu-se a codificação inicial das ideias centrais derivadas de todo o conjunto de dados, de forma sistemática e com igual importância a cada item. Posteriormente, os dados relevantes foram agrupados por códigos. Nesta fase, foram codificados e gerados extratos de acordo com os temas, com a manutenção de informações que os circundavam, a fim de permitir uma análise mais ampliada e a possível relação entre eles.

Segundo a literatura científica (73), a codificação inicial pode ser, de certa forma, influenciada se os dados da pesquisa forem mais orientados por dados ou mais orientados pela teoria. Quando mais orientados por dados, os temas vão depender dos dados; quando mais orientados pela teoria, os dados podem ser abordados com perguntas específicas que o pesquisador deseja codificar. Pelo fato de que esta pesquisa busca identificar se/como os hospitais realizam a integração do *lean* aos projetos de acreditação, a codificação inicial baseou-se nos dados obtidos a partir das respostas dos entrevistados às perguntas específicas realizadas pela autora.

Iniciaram-se, então, as codificações das ideias centrais nos arquivos individuais das entrevistas transcritas. Foi adotada a codificação por meio do ordenamento dos assuntos, utilizando a numeração sequencial das falas dos participantes, para as ideias centrais da entrevista e o agrupamento delas. Assim, as respostas às perguntas centrais realizadas aos entrevistados foram extraídas dos textos individuais e organizadas em dois ficheiros distintos: o primeiro contendo as respostas dos participantes portugueses; e o segundo com as respostas dos participantes brasileiros.

Fase 3

Pesquisa de temas: esta fase começou após a codificação e o agrupamento inicial de todo o conjunto de dados. Os achados dos extratos foram compilados e agrupados em temas potenciais e passaram a integrar um nível mais amplo de temas, em que os códigos deixaram de ser usados de forma isolada. A análise passou a buscar relação e combinação entre os códigos para formar um tema abrangente e subtemas dentro deles. Conforme nos ensinam Braun e Clarke (2006), a classificação e a organização podem se dar por meio de representações visuais, tabelas, mapas mentais, ou ainda, por intermédio de uma breve descrição de cada código de maneira separada para posterior agrupamento, seja em meio físico, seja digital.

Para a construção do presente livro, foram utilizadas tabelas, a partir dos arquivos elaborados na fase anterior, nas quais as respostas aos temas centrais foram extraídas dos documentos individuais e organizadas em colunas paralelas. Foi realizada a sistematização dos temas nos dois arquivos, para que as respostas aos mesmos tópicos pudessem ser observadas, estudadas e permitissem um reordenamento possível de gerar uma relação das respostas dos entrevistados aos temas centrais.

Fase 4

Revisão de temas: envolveu um refinamento dos macrotemas elegidos. Foi nesta fase que se deu a confirmação da manutenção de alguns temas identificados e outros foram transformados em subtemas. Significa dizer que, após analisar de forma macro e relacionar as respostas aos temas iniciais identificados, percebeu-se que dois temas poderiam compor um único tema, visto que não existiam distinções claras entre os temas agrupados.

Fase 5

Definição e nomenclatura dos temas: foi iniciada a partir da validação do mapa temático dos dados, com uma análise detalhada e individual dos temas. Os contextos temáticos foram relacionados ao objetivo macro da pesquisa e ao que se pretende conhecer. Aqui se deu a confirmação da não sobreposição dos temas, reforçando a análise, auxiliando na identificação de hierarquia de significado dentro dos dados. Esta fase ajudou na definição de quais são e quais não são os temas centrais desta obra.

Fase 6

Produção do relatório: iniciou-se a partir da finalização da análise dos temas, em que a tarefa central foi a de redigir a análise temática em forma de relatório. Como contextualizam Braun e Clarke (2006), nesta etapa, busca-se contar a história dos dados a partir da análise realizada.

Na elaboração do relatório, intentou-se seguir a orientação dos referidos autores, apresentando uma redação concisa, coerente, lógica e não repetitiva. Os autores alertam que não é preciso buscar complexidade nas exposições do relatório, mas contemplar exemplos capazes de demonstrar a essência da temática estudada e literatura de suporte.

4.7 Garantindo a solidez das descobertas

Conforme explica Yin (74), para um adequado estudo de caso, é necessário que sejam observados alguns quesitos importantes que darão fiabilidade à pesquisa, pontos estes que foram observados para a realização desta obra. O desenvolvimento deste livro foi amparado no conhecimento prévio teórico e prático da autora sobre todos os temas centrais da pesquisa, o que contribuiu para a estruturação das perguntas e a manutenção do foco na busca dos resultados. A imparcialidade foi mantida, uma vez que a autora não possui vínculo com nenhuma instituição participante.

Houve, também, o consentimento para a gravação das entrevistas por todos os participantes, o que possibilitou que a transcrição realizada mantivesse integralmente as respostas obtidas, bem como permitisse uma análise aprofundada de cada caso, sendo complementadas e comparadas com a análise documental realizada. Para que os participantes pudessem expor integralmente suas visões e seus entendimentos durante a entrevista, foi mantida a confidencialidade dos dados dos hospitais participantes, bem como dos profissionais que integraram a pesquisa.

"Não há uma única verdade, nem um único caminho. Quando nos abrimos para novas possibilidades e extraímos o melhor delas, aumentamos nossas chances de sucesso. Não recuse ajuda, nem aspire a autossuficiência. Aproveite ao máximo cada opção disponível. Isso se aplica à vida pessoal e à busca pela melhoria contínua no âmbito profissional. Aprenda, cresça e evolua com cada oportunidade que surgir."

Andréa Prestes

CAPÍTULO 5

A INTEGRAÇÃO DO *LEAN* À ACREDITAÇÃO HOSPITALAR

Neste capítulo, serão expostos os resultados obtidos por meio da realização das entrevistas e análise documental. Serão apresentados os resultados dos participantes portugueses e brasileiros, visando à exposição dos três temas centrais que subsidiaram a análise temática: 1) acreditação; 2) *lean*; e 3) a acreditação e o *lean*. Cada tema central é composto por diversos subtemas, que serão descritos com a inclusão de exemplos dos excertos extraídos das entrevistas realizadas, e, em seguida, será exibida uma síntese temática por meio de um esquema visual.

5.1 O que dizem os gestores da qualidade

Tema 1 – Acreditação

Este tema está composto por diversos subtemas que foram essenciais para conhecer o cenário da acreditação na unidade hospitalar, a equipe envolvida, os principais pontos, os facilitadores, as barreiras e as formas de trabalho para a gestão da qualidade.

a. Motivação para a acreditação

Este subtema descreve os motivos que levaram o hospital a buscar a acreditação.

- **Hospitais portugueses**

"Fazia parte do **contrato** (...) ser acreditado por um sistema de acreditação internacional (...). A motivação é que era necessário ter o **conhecimento**. Nós queríamos trabalhar para os nossos doentes, com foco nos doentes" (informação verbal).

"(...) uma parceria que tinha sido feita entre o governo e este instituto (...)" (informação verbal).

- **Hospitais brasileiros**

"(...) já era um hospital forte em qualidade e acreditação. Ele já tinha a ONA até o nível 3 (...). **Exigir mais** a questão da **qualidade** (...)" (informação verbal).

"(...) o hospital passou por uma **profissionalização** (...), mas ainda era um hospital com olhar muito, da sua fundação (...), então, a acreditação veio fazer com que as coisas que já existiam na instituição fossem organizadas de uma forma lógica" (informação verbal).

"(...) a busca foi por uma acreditação internacional (...) que a gente pudesse ter um olhar baseado no cuidado, no valor entregue para o paciente, que a gente pudesse ter aí os mais altamente **reconhecidos e confiáveis padrões de qualidade e segurança do paciente**" (informação verbal).

b. **Equipe de Qualidade**

Este subtema demonstra a estrutura inicial e a atual existente nos hospitais para conduzir e gerir os processos de acreditação.

- **Hospitais portugueses**

- "(...) diretoria da qualidade e uma **consultora externa** (...), **equipe interna** para gerir (...), e havia uma consultora (...) que nos deu apoio (...), fez um trabalho conosco de incentivo, de ajudar a por o pé, normativas, todos aqueles manuais que, na altura, eram oferecidos, estruturar o risco, foi importante também para o nosso crescimento" (informação verbal).

- "Para além de ter uma **comissão** da qualidade e segurança (...), um serviço de gestão da qualidade (...), uma estrutura própria (...), é um serviço que faz apoio técnico ao conselho de administração. (...) É preciso criar a estrutura da qualidade para os serviços, é preciso responsabilizar os serviços pela qualidade (...)" (informação verbal).

- **Hospitais brasileiros**

"No início, a estrutura de qualidade era um gestor (...) nível sênior (...), uma coordenação para cada, e isso a gente mantém até hoje, que é um grupo de pessoas, uma equipe que é responsável por cada capítulo da JCI (...). Atuam em outras áreas. É claro que tem uma equipe técnica que (...) assessora (...), que é da qualidade (...). E tinha a consultoria também (...). Hoje, por exemplo, a gente não tem mais consultoria. Hoje são as próprias **equipes do hospital,** a equipe de qualidade que conduz o processo, mas mantém a mesma dinâmica (...)" (informação verbal).

"(...) a área de qualidade sendo responsável por essa gestão, e, desde o início, o hospital se organizou com um **comitê** formado pelas principais áreas, que tem impacto dentro do manual (...), e se desdobrava em líderes de capítulos e desdobra até hoje. A gente mantém essa organização (...), e o comitê apoia nas tomadas das decisões institucionais. (...) Nunca a gente teve uma equipe só para isso, sempre foi uma equipe que estava envolvida em outras atividades no hospital e que nos agrega nas suas atividades e no processo de acreditação. Hoje, a gente procura ter dentro da nossa equipe pessoas que têm a *expertise* para fazer projetos de melhoria, mas que possam utilizar aquilo que se aplica melhor na área que a gente quer fazer e pro objetivo que a gente tem de projeto" (informação verbal).

"(...) **o escritório de qualidade e segurança conduzia e conduz** até hoje o processo em duas áreas focadas, uma parte jornada ampla, que abrange todos os profissionais, então, para que conhecessem toda a metodologia (...), os princípios (...), as metas internacionais e as informações básicas (...), e, depois, segregado para os times de trabalho, e aí foram categorizados, então, os times de acordo com a recomendação do processo de educação, os times focados em jornadas específicas, mais qualificadas (...)" (informação verbal).

c. **Treinamentos**

Este subtema denota a realização inicial e continuada de treinamentos, capacitações específicas sobre a acreditação aos profissionais do hospital.

- **Hospitais portugueses**

"A **formação era em cascata.** Eram treinados os chefes e nós passávamos para as equipes, porque era muito complicado. Na altura, nós termos profissionais em formação, porque esses profissionais tinham duplo emprego, saíam daqui e iam correr para o outro. Nós tínhamos que fazer isso no tempo do trabalho" (informação verbal).

"Todos os anos nós fazemos (...) formação no hospital em várias áreas (...). Temos um centro de formação, que se dedica à formação, à investigação e ao ensino, portanto, ele tem a tutela destas áreas todas (...). Fazemos formação em auditoria (...) para as pessoas que estão a auditar e para todos os coordenadores (...). Foi definida, também, uma estratégia (...) muito próxima com os serviços (...). Preparamos primeiro, estudamos o programa todo e depois reunimos com os serviços, percebe? Fazemos várias reuniões com os serviços, o que já é um **processo de continuidade** (...), as chefias novas que vêm, fazemos sempre uma reunião com elas para lhes ensinar e transmitir tudo, como é que esse processo se faz dentro da organização (...). Fazemos formação sobre gestão da qualidade na integração de todos os profissionais da organização. Faz parte do nosso programa de integração institucional (...)" (informação verbal).

- **Hospitais brasileiros**

"(...) a gente levou mais ou menos uns três anos para preparar o hospital para chamar a visita de apresentação. A gente chamou uma consultoria (...). Eles faziam um **processo educativo** (...), tinham algumas avaliações de educação para nos dar um norte de como é que a gente estava indo (...)" (informação verbal).

"A gente até hoje tem um treinamento *on-line* no hospital, que é sobre o processo de acreditação, explicando por que que a gente tem ele. O que faz parte do processo de acreditação (...) é bastante **informativo** (...), bem leve, e aquilo que a gente tem que fazer, dar **treinamentos mais específicos**, a gente desdobra de outras formas dentro da instituição. Então, sim, a gente fez isso com todo mundo e hoje ele ainda é um treinamento para quem entra na casa" (informação verbal).

"(...) antes de ter o processo final, a gente teve o processo de educação, o processo de diagnóstico (...). Foi feita a **educação focada** para esses capítulos, para que eles pudessem ter o olhar crítico sobre a avaliação que eles tinham à época, quais eram as políticas, os procedimentos, os treinamentos que eram necessários fazer, para que isso se tornasse jornada" (informação verbal).

d. Barreiras

Neste subtema, foram abordadas as barreiras para a implementação e a condução da acreditação nos hospitais.

- **Hospitais portugueses**

"O início de todo esse processo é **documental,** e a nossa primeira grande barreira, porque tinha aquela coisa na cabeça dos profissionais que é difícil aderir, que os profissionais estavam desmotivados. (...) Diziam que era só papel, que a qualidade era papel, que nós só estávamos preocupados em escrever, mas era preciso escrever, criar um padrão, uma norma, e esse trabalho no início foi difícil, levarmos as equipes no nosso ritmo, no ritmo do plano que tínhamos que implementar. Mas conseguimos (...). **Os médicos,** é algo que foi mais difícil, porque não se pode só fazer a qualidade com os enfermeiros e seguir um sistema com os médicos. Temos que ir como um todo, e isso foi sempre um grande constrangimento. (...) Um dos nossos grandes problemas era (...) uma grande rotação de profissionais (...). Na altura, foi um grande constrangimento" (informação verbal).

"(...) quando nós pedimos as pessoas para aderirem aos processos de gestão da qualidade, aos sistemas de gestão da qualidade, nós estamos a lhes pedir para eles fazerem uma coisa que não estão habituados a fazer, e, para eles, aquilo pouco ou nada lhes diz inicialmente (...) nem percebem qual é a mais valia (...), e isto foi difícil, primeiro agarrar a organização nesta **cultura** (...). Uma cultura não se implementa de um dia para o outro (...)" (informação verbal).

- **Hospitais brasileiros**

"Além de questões físicas, tinha uma questão, realmente, de entender o que a acreditação estava propondo, e entender o nível de exigência que era ter uma quebra de **mudança de cultura** muito grande, de visão de negócio, de visão de como é que eu me relaciono com o cliente... então, várias questões de segurança e de gestão de risco (...). E a própria relação dos médicos com os pacientes, e uma visão de que **o médico** também é responsável pela qualidade e segurança. Não é uma atividade só das enfermeiras; é uma ação do todo (...)" (informação verbal).

"(...) por sermos os primeiros (...), e para nós é um pouquinho ruim porque grande parte do nosso **corpo clínico** atua em duas instituições (...). Eu considero difícil como qualquer outra implementação, mas não por ser acreditação, não por ser um processo de qualidade, realmente porque mudar é difícil" (informação verbal).

"Bom, tem duas questões que eu acho que são importantes: a primeira é o envolvimento do **corpo clínico** na acreditação. Sempre é um processo, não vou dizer difícil, mas vou dizer diferenciado, porque a gente precisa envolvê-los na prática clínica, e não na acreditação (...). E a outra é que está no **backoffice**, porque eu sempre brinco com esses dois lados do sanduíche, de que a gente normalmente erra, ou porque a gente desacredita, ou porque a gente acha que eles vão topar (...)" (informação verbal).

e. **Facilitadores**

Neste subtema, foram destacados os pontos considerados positivos e que acabaram por facilitar a implementação da acreditação e ultrapassar as barreiras.

- **Hospitais portugueses**

  "As **lideranças** foram fundamentais, as lideranças tanto médicas, porque a enfermagem vai estar sempre à frente nestes processos (...). Na altura, tinha líder dos médicos e, devo dizer, capaz de puxar este processo" (informação verbal).

  "Tem que ser braço dado, se não tiver braço dado com a comunicação não vou a lado nenhum. Nós temos uma parceria com a **comunicação** (...), nós trabalhamos em conjunto (...)" (informação verbal).

- **Hospitais brasileiros**

  "Foi procurar metodologia que fossem adequadas (...) no processo de educação (...), entender as formas e metodologias que podem ser usadas (...), **metodologia, treinamento e conscientização,** essas são as questões. O acompanhamento da diretoria (...), isso é uma coisa que tem evoluído bastante no hospital. A gente teve um aumento de resultados, que tem ciclos, tem todo um esforço para chegar na acreditação, aí daqui a pouco o pessoal vai esmorecendo, aí volta, entendeu? E agora não, a gente chegou num momento que é uma visão, que é uma pauta da diretoria, que já está no dia a dia" (informação verbal).

"(...) A gente tem que ter, tudo fazer sentido, de forma que agregue, que faça, que realmente **as pessoas entendam que estão fazendo aquilo** porque é o melhor a se fazer, não exatamente porque a gente tem que cumprir alguma regra, manter algum padrão. Tivemos um grande aprendizado (...), e eu acho que isso se aprendeu dentro da instituição (...), que muitas coisas que, às vezes aparecem no Manual de Acreditação, provavelmente vão acontecer na sua instituição, logo, então, faz sentido tu olhar com carinho um pouquinho maior" (informação verbal).

"(...) O que a gente fez no último ciclo para cá foi transitar aquelas informações que são mais corporativas, que são generalistas (...), que pegam 30% ou mais do hospital, sejam trabalhadas [de maneira] uniforme, para que a gente não tenha silos (...), para que a gente pudesse ter uma **visão mais multiprofissional** (...), fazendo com que os agentes corporativos (...) pudessem compartilhar desse estímulo e pudessem fomentar essas políticas" (informação verbal).

f. **Controle**

Neste subtema, foram descritas as formas de monitorização e controle dos resultados da acreditação pela gestão da qualidade dos hospitais, para realizarem os ciclos de melhoria.

- **Hospitais portugueses**

"Nós temos uma ferramenta, também disponível *on-line*, [na qual] está todos os nossos **indicadores** de qualidade (...) monitorizados e que estão disponíveis para os profissionais à beira de um clique. (...) Além disso, o hospital tem um *report* de gestão de **ocorrências**. Os profissionais todos têm acesso, podem reportar os riscos, as ocorrências, os *"near miss"* que podem ocorrer no seu dia a dia e que isso é a nossa fonte da gestão do risco (...). Porque tem que se olhar para trás tudo de novo; por exemplo, iniciou-se há poucos dias um processo (...), um grupo de trabalho que eu também faço parte, e eu estou a ver as questões que se levantaram há 15, 20 anos (...)" (informação verbal).

"Está tudo monitorizado em **base de dados** (...). Tem uma base de dados para gerir todas as auditorias institucionais. Para que a qualidade tivesse uma estrutura para falar com os serviços **digitalmente** (...), criamos uma área da qualidade específica, em que todos os serviços estão lá conosco, com uma estrutura própria (...). Cada serviço tem o seu plano de ação... nós estruturamos, (...) nós controlamos todas as auditorias em sítios excepcionais, aquelas que nos é possível internas e as externas (...), controlamos tudo o que é documentação, informação, legislação, as normativas" (informação verbal).

- **Hospitais brasileiros**

"(...) planilha de **evidências** de cada um dos capítulos e uma avaliação de como é que a gente está nos capítulos, que evidências a gente tem para comprovar, se nós estamos atingindo ou não, aí a gente analisa os pontos fracos, os pontos de melhoria, e busca trabalhar esses pontos de melhoria. Podem ser exigências novas ou podem ser coisas que não estavam tão bem na outra acreditação e que a gente vai evoluir agora ou coisas que ficarão pendentes. (...) Aqueles pontos que eles identificam que são críticos (...), que tem que ter um plano de ação específico, e, na próxima acreditação, tem que mostrar que teve uma evolução nesses pontos (...). Temos reunião quinzenal, com esse grupo de gestores de capítulos, junto com a área de qualidade, fazem o acompanhamento das ações. E aí, também, se tem alguma dificuldade, tem que trabalhar em conjunto. A própria diretoria acompanha essas reuniões para ajudar. Se tinha alguma coisa para escalonar, tem um diálogo aberto" (informação verbal).

"(...) a gente passa por uma **auditoria externa** anualmente (...). Tem as **auditorias internas**, que são conduzidas pelo Comitê de Acreditação, que acontecem pelo menos duas vezes ao ano. Então, inserimos os processos de acreditação dentro de um programa interno de qualidade (...). É um programa de auditoria e melhoria da qualidade. O objetivo desse programa é ter em uma certificação interna todos os padrões que nós temos em uma certificação externa. Então, ele tem padrões de acreditação da JCI, padrões da ISO, padrões do Plan Three (...), padrões de 8S e 5S. Então, ele é uma forma de a gente manter isso aceso dentro de todas as pessoas dentro da instituição. A gente trabalha com pelo menos três formas de monitoramento. O que me dá uma nota é a certificação externa, que realmente me avalia, um percentual de atingimento, e esse é, talvez, o maior dado (...)" (informação verbal).

"(...) para lidar com o controle de qualidade, a gente tem toda a parte de **indicadores** e comparativos daquilo que a gente faz com *benchmarking* externo da prática da clínica, em garantia da qualidade da parte de **avaliação interna e externa ou auditoria clínica**, e na parte de melhoria da qualidade que a gente usa ciência de melhoria. A gente usava um modelo de auditoria interna, e, esse ano, a gente fez uma revisão no modelo em que a gente faz a auditoria multifacetada, não só numa metodologia de acreditação, mas é um *pool* de acreditações diferentes, nacionais e internacionais, focadas em especialidades. Então, a gente fez um manual com essas várias acreditações. A gente resumiu em um manual único, e são os critérios que a gente entendeu ser de alta relevância. Passou por um grupo de avaliação interna para que pudessem validar. Então, a gente valida isso na ponta com esse mais global, e alguns assuntos mais específicos com auditorias pontuais e direcionadas para aqueles capítulos" (informação verbal).

g. **Métodos e ferramentas**

Neste subtema, foram relacionadas as ferramentas e os métodos específicos sinalizados como mais importantes pela gestão da qualidade dos hospitais para realizar as melhorias necessárias aos ciclos da acreditação.

- **Hospitais portugueses**

PDCA "(...) é a ferramenta que mais usamos, porque todo esse processo tem um grande trabalho de planeamento, e, depois, temos que estar sempre a introduzir as melhorias e apontar e a rever o processo (...)" (informação verbal).

"Fazemos muito o ciclo do **PDCA**, também fazemos os levantamentos de necessidades sempre que são necessários, quando implementamos uma nova norma, ou quando temos *standards* para implementação, fazemos juntamente com os serviços os levantamentos das necessidades. A auscultação aos serviços, pedimos para eles fazerem a sua autoavaliação" (informação verbal).

- **Hospitais brasileiros**

"O habitual para nós é usar o **MASP**, o método de análise e solução de problemas, principalmente nas questões de identificação de eventos adversos e melhoria de processos; usar o **PDCA** dentro do próprio processo de planejamento e gestão como um todo, gestão por indicadores, gestão à vista... isso cada vez mais se aprimora (...). E agora em *dashboard* tem gestão à vista com televisor (...). Um BI muito forte que ajuda a reforçar e trabalhar essas questões (...)" (informação verbal).

"(...) acredito nessa **multidisciplinaridade** e nesse conjunto de olhares sobre algum projeto a ser feito na área. Acho que a gente tem ganhos e tem melhores resultados e tende a esquecer menos problemas, situações mais críticas relacionadas à segurança do paciente, por exemplo, ou relacionadas a alguma questão de qualidade, acho que ajuda a gente a ter esse dado" (informação verbal).

"O modelo de qualidade e segurança que a gente utiliza é baseado no modelo inglês (...) do NHS, é focado no planejamento da qualidade, no controle da qualidade, de garantia e melhoria da qualidade. A gente tem feito um "de para" para **adaptar isso à qualidade em todo o sistema**, que é a recomendação do IHI para que a gente possa mensurar (...). Juntamos todas as adequações de cada capítulo para poder fazer a adequação de políticas e as discussões internas daquilo que a gente vai absorver institucionalmente, que não é uma receita de bolo, é um direcionamento, mas como que a gente vai desdobrar. (...) para cada uma dessas áreas, a gente tem *drives* que a gente avalia, então, principalmente na parte de planejamento, que é toda a área executiva, de como a qualidade e segurança vai se adaptar, pela gestão de documentos, gestão de processo, gerenciamento de risco, e do gerenciamento do modelo assistencial (...)" (informação verbal).

h. Benefícios da acreditação

Neste subtema, foram destacados os benefícios que os processos de acreditação trazem ao hospital.

- **Hospitais portugueses**

  "O grande **benefício é para o doente**. O processo de melhoria contínua, se nós olhamos para os processos dos doentes, mas também dos profissionais, porque o risco e a segurança para mim foram fundamentais, e o olhar dos processos da acreditação (...) eu acho que um grande benefício do sistema de acreditação é a **melhoria contínua**, ao lidar com o risco clínico e não clínico, mas essencial os profissionais fazerem parte e interiorizarem essa cultura não com omissão, com o olhar atrás, mas para melhorarmos. (...) é importante para os profissionais porque os valorizam, porque trabalham num hospital acreditado, porque trabalham com padrões de qualidade, sabe onde querem ir (...) Mudança cultural (...) Faz parte de nós, aqueles que trabalham cá, não sabemos fazer de outra forma a não ser por processos. Hoje em dia, é impensável deixarmos o sistema de acreditação, pode ser qual for" (informação verbal).

  "(...) Uma **cultura** não se implementa de um dia para o outro, nós temos neste momento 21 anos desta cultura (...) em cima de uma cultura que levou tempo para ser implementada, mas estamos bem" (informação verbal).

- **Hospitais brasileiros**

  "(...) sempre pensando em **melhorias de processo de qualidade**. Tem coisas que foram feitas que foi experimentado do básico, ensinar 5S, como normalmente começa essa trilha da qualidade (...) porque a visão dos diretores era isso, buscar sempre a qualidade e melhoria dos processos voltados para o paciente. No primeiro momento tinham umas coisas meio híbridas, de visão muito médico centrista, então dá algumas confusões de quem é o cliente (...) que, para mim, era uma coisa meio estranha (...) ouvir que médico é cliente... umas coisas culturais que a gente tinha que ter e ainda é hoje tem que ir moldando" (informação verbal).

"Eu acho que há uma mudança bem grande de cultura lá no início dos anos 2000, principalmente porque a área assistencial não era tão envolvida nos processos de qualidade (...) faz com que agregue alguns processos, principalmente de documentação, de registo, de como nós organizamos o prontuário, por exemplo, como a equipe médica tem que registrar a sua conduta, como a equipe assistencial tem que registrar a sua conduta (...) a principal **mudança é em cultura**, eu consigo enxergar o quanto as pessoas entendam que a gente tá colocando de segurança do paciente, entendem que a gente tá falando de qualidade assistencial, de uma representação daquilo que a gente faz todos os dias aqui dentro da instituição. (...) Então acho que a cultura é uma coisa importante (...) o paciente no centro de cuidado, e era uma das coisas que já fazia parte do nosso modelo assistencial, em relação a como a gente cuida do paciente, como a gente envolve ele no cuidado. (...) E acho que hoje a grande maioria dos profissionais enxergam uma proteção também, em ter padrões mais definidos, em ter a tranquilidade de que estão cumprindo aquilo que deve ser cumprido (...) essa talvez seja a mudança que a gente sente em todos que estão aqui dentro, mesmo com um monte de gente nova. (...) A gente tem mudanças importantes na equipe, isso tem impacto em cultura, que a gente ainda não conseguiu medir tão bem qual foi esse impacto" (informação verbal).

"(...) Então, a gente usa o programa de ciência da melhoria como **programa de melhoria de qualidade**, em busca de redução de danos. E o que a gente tem feito é adaptar esse modelo (...) da qualidade total para a alta confiabilidade, que é o norte que a gente tem seguido, feito as adaptações de como traduzir isso para todos os níveis do hospital, entendendo qual é o papel de cada um nesse ecossistema" (informação verbal).

Tema 2 – *Lean*

Este tema está composto por diversos subtemas, que foram essenciais para conhecer o cenário do *lean* na unidade hospitalar, quando iniciaram a utilização, a motivação, os treinamentos e a divulgação interna, os benefícios do uso do *lean*, a equipe envolvida, os facilitadores e as barreiras internas para a implementação.

a. O início do uso do *lean*

Consiste na informação sobre o tempo de uso do *lean* na unidade hospitalar, ou seja, quando começaram a utilizar em projetos de melhoria.

b. Hospitais portugueses

"Começamos a usar o *lean* no **ano passado** (...)" (informação verbal).

"(...) e **de repente** quando nós percebemos o *lean* **já estava** (...) e nós não tínhamos conhecimento" (informação verbal).

- **Hospitais brasileiros**

"O primeiro projeto *lean* foi **em 2015** (...)" (informação verbal).

"Acho que (...) **entre 8 e 10 anos** (...)" (informação verbal).

"**2017 mais ou menos** (...)" (informação verbal).

c. A motivação para o uso do *lean*

Neste subtema, estão dispostos os motivos que levaram o hospital a utilizar o *lean* em projetos internos de melhoria.

- **Hospitais portugueses**

"A motivação na altura foi o **Covid**, encontrar formas de promover o distanciamento e evitar os aglomeramentos nas salas de espera (...) Foi essa a motivação para o conselho de administração comprar o projeto que durou um tempo, de quatro a seis meses, mas tinham outros trabalhando neles, a empresa foi embora, mas eles mantêm-se" (informação verbal).

"(...) **conselho de administração** que tinha muita visão da estrutura e da organização e achou que era pertinente trazer o *lean* para a organização (...)" (informação verbal).

- **Hospitais brasileiros**

"(...) a gente propôs em um determinado momento no hospital fazer alguns projetos para **entender como que funcionava** o *lean*. E aí nós tivemos alguns projetos de algumas áreas e com alguns resultados (...)" (informação verbal).

"(...) o *lean* foi escolhido (...) para a instituição é muito claro que o *lean* é um **método de fazer melhoria** (...)" (informação verbal).

"(...) foi a busca de uma metodologia que a gente tivesse o **gerenciamento da cadeia de valor**. No início foi isso. Então, qual era a metodologia, na época, que a gente pudesse identificar o fluxo da cadeia de valor? Então nasceu daí a busca pela metodologia" (informação verbal).

d. **Treinamento e divulgação interna**

Neste subtema, estão contidas as questões sobre a forma de divulgação interna e os treinamentos destinados aos profissionais dos hospitais sobre o *lean* em projetos de melhoria.

- **Hospitais portugueses**

   "Uma grande preocupação (...) juntar **o maior número de pessoas possível**, envolver as pessoas (...) isso foi bastante válido em todos os processos é bom ter o maior número de pessoas dizem respeito aos processos, mas também de comunicar ao hospital o que estava a acontecer (...) o presidente comunicou o hospital o que estava acontecendo, ou seja, a alta direção criou o projeto deles, eles comunicaram (...)" (informação verbal).

   "**Divulgação, não foi feita. Não houve treinamento**" (informação verbal).

- **Hospitais brasileiros**

   "A primeira fase do projeto (...) tinha alguns **treinamentos pontuais** com a própria equipe das áreas (...) na medida que a gente ia implantar alguma ferramenta (...) a gente treinou as equipes que iam participar" (informação verbal).

   "(...) a gente fez algumas **turmas de formação**, de Yellow Belt, Black Belt dentro da casa (...)" (informação verbal).

   "(...) foi sedimentado no **processo de educação**, o que era fazer um gemba, o sistema puxado, em que eu deveria ver isso de forma contínua, não para um processo, que eu não posso fazer o sistema puxado num pedaço tem que ser no fluxo da cadeia, então isso foi olhado na jornada como um todo" (informação verbal).

e. Benefícios com o uso do *lean*

Este subtema serve para elencar os benefícios que o *lean* trouxe à unidade hospitalar.

- **Hospitais portugueses**

  "**É o envolvimento**, é chamando **as pessoas** que tão nos postos de trabalho a participar, a dizer como é que fazem para elas próprias encontrarem as ineficiências e os desperdícios que lá estão e isto tem sido feito e importante ver. Os próprios chegarem a essas conclusões, que afinal é perder tempo e não acrescentando valor (...) para mim é a pedra fundamental, é o envolvimento das pessoas (...) o olhar crítico sobre isso, sem culpar, sem estar com juízo de valor, nós vamos dizer, vamos falar. Nestas equipes e a coisa tem corrido bem. Acho que o resultado tem sido bom" (informação verbal).

  "Vejo o *lean*, o *kaizen* ou outra metodologia, que vem seguramente trazer mais valias para os processos operacionais, porque na operacionalização muitas vezes são **detectados problemas e ineficiências, desperdícios** etc. Isso é uma macroestrutura" (informação verbal).

- **Hospitais brasileiros**

  "Alguns gestores do hospital, que incorporaram um pouco da visão do *lean*, já usam nas suas próprias formas de gestão (...) Hoje tu vê até, inclusive gestor médico, falando de serviço e gestão, e falando em *lean* mesmo. (...) o *lean* é a qualidade total na prática. Se olhar toda a metodologia que se usa de avaliação (...) Tem que ter indicador, tem que ter gestão à vista, tem que ter participação das pessoas, tem que ter envolvimento do teu paciente. com os familiares (...) e isso é gerar valor para o cliente (...) ouvir a voz do cliente e trabalhar uma metodologia para poder implementar aquilo que o cliente está pedindo. Acho que esse para mim, é o grande ganho que tem na visão do *lean*, que é mudar a forma como tu enxerga algumas coisas, e as pessoas não vem na prática (...) Então esses aspectos, essa visão de como olhar o processo, que eu acho muito importante dentro do *lean* (...) **é a visão do cliente**. Como é que eu atendo, como agrego valor para o cliente" (informação verbal).

"**Passou a ser um método de trabalho.** Eu brinco com a minha equipe assim, tem coisas que, se a gente não entendeu o que a gente tá fazendo, então preciso revisar se talvez eu preciso perder tempo fazendo isso (...) se isso não te retroalimentar, não te gerar um valor, acho que não faz muito sentido (...)" (informação verbal).

"(...) é uma abordagem, a gente está falando de algo que é **cultural,** não adianta fazer um projeto focado que a gente não vai mudar. Então isso foi sequenciado em várias áreas e os processos foram sendo avaliados com essa metodologia em diversas áreas assistenciais, logística... para que a gente tivesse isso de forma uniforme (...) principalmente usando o fluxo de valor, começou com processos bem seriados, focados em OKR (...) foi bem direcionada para que a gente tivesse uma construção dessa jornada em todas as áreas (...)" (informação verbal).

f. **Barreiras para implementar o *lean***

Neste subtema, estão contidas as questões tidas como barreiras para a implementação dos projetos *lean* no hospital.

- **Hospitais portugueses**

"As pessoas achavam no início que nós estávamos a meter em territórios, na casinha delas e olharam isso como **uma intromissão** (...); o que vocês têm a ver (...)? por que vocês querem mexer (...)? E alto lá, estamos aqui a trabalhar para doentes, queremos o melhor, queremos ajudar. Mas depois vai se desmontando, porque isso também expõe as fragilidades das equipes" (informação verbal).

"(...) o *lean* não está com a qualidade ainda, de braço dado (...). Este processo **não está alinhado com a qualidade** (...). Podem estar a fazer um trabalho valioso, válido, mas se não estiver associado com a estrutura da qualidade (...), isto não tem continuidade (...). Trabalharam com algumas pessoas do serviço, mas nem sempre com todas as chefias, imagine que é um projeto do diretor, não é um projeto de envolver-se do serviço, e o diretor faz adesão a este projeto, mas depois não envolve todos os elementos do serviço, e aquilo fica um bocadinho sem se saber bem (...). O *lean* não é um processo de alimentação da organização" (informação verbal).

- ### Hospitais brasileiros

  "(...) teve uma mudança de diretoria no hospital, e a diretoria que entrou não tinha essa visão de longo prazo, era uma coisa mais de buscar o processo de ganhar receita e de diminuir custo a curto prazo, e todo esse movimento que foi feito, acabou sendo um pouco desestruturado (...). Eu acho que as pessoas não têm visão de método, muitas vezes têm dificuldade para entender o método, e aquela coisa da **resistência à mudança**, então o cara acha que ele entende do negócio, então como é que esses caras que não entendem nada do que eu faço vão agora vir querer me trazer metodologia e fazer com que eu mude. Um problema que eu vejo no *lean*, e que o pessoal dependendo da visão não consegue entender, é o seguinte: que o *lean* trabalha basicamente a questão do custo operacional. Se eu não tenho a visão do custo operacional, eu não enxergo o desperdício. O que eu quero dizer com isso? Os hospitais muitas vezes têm um monte de retrabalho para poder tampar aquilo que tem de problema" (informação verbal).

  "(...) talvez ainda exista o impacto na pandemia, nessa gestão proativa de melhorias, mas eu acho que é um caminho natural. (...) São momentos, né, e nesse momento a gente tá um **pouquinho mais reativo** do que proativo, mas tem como ser mais proativo também" (informação verbal).

  "Eu acho que sempre que a gente tem a maior dificuldade é no **entendimento de por que usar a metodologia,** para que usar isso... parece modismo" (...) (informação verbal).

g. **Como ultrapassaram as barreiras**

Este subtema serve para a compreensão sobre a forma utilizada no hospital para ultrapassar as barreiras tidas na implantação do *lean*.

- ### Hospitais portugueses

  "Como **era do conselho, eles aceitaram** (...), embora no início, quando vinham para as primeiras reuniões, vinham fechados, mas a coisa passou (...)" (informação verbal).

  "As barreiras **permanecem**" (informação verbal).

- **Hospitais brasileiros**

   "(...) depois dessa primeira fase de projeto (...) a gente sensibilizou a diretoria **para colocar isso no plano estratégico (...)**" (informação verbal).

   "(...) eu ainda acho que é bom ter **os especialistas** envolvidos, então as pessoas enxergam que é um método, enxergam que é uma coisa que o hospital faz, mas eu acho que é importante **ter um suporte** ainda para maioria das áreas, quando a gente fala em projetos de melhoria, mas eu enxergo importante esse papel da pessoa que realmente tem a formação, que conhece como fazer, que consegue apoiar nisso. Às vezes é mais para apoiar mesmo, porque as outras pessoas já têm um pouco mais de conhecimento, mas ajuda na disciplina" (informação verbal).

   "(...) então acho que se a gente traz isso como **ferramenta para impulsionar a melhoria,** as pessoas **conseguem compreender.** Se eu trago isso porque fulano e ciclano estão fazendo, é uma dificuldade porque a pessoa fala: "mas eu não quero fazer. Mais um modismo? Vai passar porque daqui a pouco vocês vão inventar outra coisa". Então acho que fica mais fácil" (informação verbal).

h. **Controle dos projetos *lean***

Este subtema contém informações sobre como o hospital realiza o controle e a monitorização dos projetos *lean*.

- **Hospitais portugueses**

   "(...) Hoje em dia nos **reunimos semanalmente** com a equipe do projeto para encontrar irritantes que ainda estejam no processo e isso também tem sido um exercício muito motivador para a equipe. Os projetos que já aconteceram no ano passado, nós **monitorizamos os resultados** e ainda estamos afinando melhorias, há coisas que são mais difíceis, mas para isso também estamos a definir os indicadores de monitorização (...) e hoje em dia nas minhas reuniões mensais (...) faço o acompanhamento, a empresa foi embora e eu é que acompanho ele, como é que está isto, como é que está aquilo... estamos sempre a motivar os avanços e as melhorias" (informação verbal).

"Qual é a estrutura na organização que depois dá suporte? Ao desenvolvimento, à continuidade do processo. Se você não estiver lá uma estrutura que já existe? (...) O que normalmente nós fazemos quando não monitorizamos? Não controlamos. Voltamos outra vez pra trás. Até, portanto, a malta esqueceu (...). Porque **não há acompanhamento**, não há uma continuidade do processo" (informação verbal).

- **Hospitais brasileiros**

"Basicamente a **gestão de indicadores**. Tem o indicador de projetos e aí vai trabalhando e vai vendo se atingiu a melhoria ou não. (...) Ou vai para o nível estratégico, vai para o nível tático... depende de como vai ser trabalhado" (informação verbal).

"(...) eu tenho certeza de que tem como a gente fazer melhor aquilo que a gente já fazia e eu tenho certeza de que existem ganhos quando tu aplica métodos de fazer melhoria. (...) A gente fala muito de que mudar não significa que tu está fazendo o melhor, e tu tem que realmente achar um jeito de demonstrar que tu está fazendo melhoria, e isso, normalmente, **o método te traz**. O método te ajuda a medir, o método te ajuda a mostrar que aquela mudança que tu está fazendo, está gerando um resultado diferente, e sempre vai depender do resultado que tu quer alcançar" (informação verbal).

"(...) acompanhamento através desses **grupos focados**, com o acompanhamento de **indicadores**, de metodologia, de entrega de resultado (...)" (informação verbal).

i. **Responsável pela condução dos projetos** *lean*

Este subtema descreve a forma como o hospital conduz os projetos *lean*, se tem equipe específica, se existe um profissional ou serviço responsável.

j. **Hospitais portugueses**

"Sou eu... repara, a gestão do projeto, também faço parte do grupo de trabalho, faço as observações e também sou profissional da equipe, mas **sou o gestor do projeto**. A condução foi pela consultoria externa" (informação verbal).

"Existe uma empresa externa que trabalha o *lean*. **A Gestão da Qualidade não foi chamada** e incluída na participação dos projetos" (informação verbal).

- **Hospitais brasileiros**

"(...) a gente contratou uma **consultoria e trabalhamos em conjunto**. Está tudo integrado. É claro que tem alguns profissionais que entendem um pouco mais de uma metodologia ou de outra, aí ele é focado para trabalhar naquela... nessa questão né" (informação verbal).

"(...) a gente tinha uma equipe que só trabalhava processo de melhoria com *lean*, com engenheiro de produção associado e que realmente tinha esse olhar bem focado em *lean* (...) É como se fosse um escritório de produtividade. Ele era desconexo da gestão da qualidade (...). Hoje não tem mais uma área que trabalha *lean*. **Eu tenho profissionais dentro da minha área e dentro da área de estratégia da instituição**, que tem a formação em *lean*, e que apoiam as áreas que querem fazer algum projeto de melhoria (...) eu tenho a engenharia de produção que trabalha comigo, que eu tenho certeza de que ela implanta, faz *lean*, trabalha *lean* para algumas coisas que eu nem conseguiria chegar perto com a ciência da melhoria (...)" (informação verbal).

"(...) **a gestão da qualidade** faz a gestão desse movimento, atividades, junto com o escritório de projetos. (...) dentro da qualidade, tem uma pessoa que é responsável pelo processo de gestão da melhoria, da gestão de plano de melhorias, então ela participa de todos os grupos da acreditação, de todos os grupos focados, e eles vão trabalhando os fluxos para que a gente por exemplo, revise todos os critérios (...) Isso vai acontecendo dentro de um escopo de gestão de projetos (...) O ponto é: eu faço gestão de projetos com especialistas e os especialistas vão encontrando a melhor ferramenta para definir o critério" (informação verbal).

k. Deveriam existir mais projetos *lean*

Este subtema contém a visão do profissional responsável pela gestão da qualidade no hospital, sobre a necessidade de serem desenvolvidos e implementados mais projetos *lean* na unidade hospitalar.

- **Hospitais portugueses**

  "Eu acho que sim, mas também acho que é importante alguns **profissionais chave** estarem nesses processos **para poder implementá-los** (...) acho que nós temos que saber andar nesse processo e para nós é muito importante, queremos fazer alguma abordagem por processos e para isso temos que desmontar o processo sem constrangimentos, sem preconceitos e pôr tudo de novo (...) a quantidade de coisas e tarefas ineficientes que se faz e que não têm nada, que não acrescenta nada, que os próprios que fazem chegam na conclusão que afinal é redundante e que não gera valor" (informação verbal).

  "**Sem opinião**" (informação verbal).

- **Hospitais brasileiros**

  "(...) **Eu acho que sim**. E acho que se cada pessoa tivesse o **pensamento *lean* incorporado**, a organização teria muito a ganhar" (informação verbal).

  "A gente passou a incorporar metodologia dentro das pessoas que trabalham com a gente para apoiarem outras áreas a fazerem melhoria dentro da instituição, então acho que o *lean* fez esse caminho e nesse momento a gente ainda tem **várias oportunidades onde pode utilizar a metodologia *lean***, acho que para nós é bem evidente o impacto que pode ter (...) a gente entende também que tem oportunidade para utilizar mais o método nessas áreas" (informação verbal).

  "Eu acho que sempre existe para qualquer um dos métodos. Precisa ter alguém que precise "tourear" esse projeto e estar sempre reavivando. Em uma organização de saúde onde a gente tem um turnover alto, não dá para implantar uma metodologia sem que as pessoas conheçam o método, então precisa sempre ter isso na parede, sempre treinar as pessoas, habilitar as pessoas para que elas possam executar. Então **sempre tem, desde que haja quem faça o processo de implementar o modelo**" (informação verbal).

Tema 3 – A acreditação e o *lean*

Este tema está composto por diversos subtemas que relacionam a acreditação e o *lean* na perspectiva de conhecer se o *lean* é integrado internamente nos processos de acreditação, como isto ocorre, se existem barreiras etc.

a. A integração do *lean* à acreditação

Este subtema contém questões relativamente à existência da integração do *lean* aos processos da acreditação na unidade hospitalar.

- **Hospitais portugueses**

   "Para mim vão fazendo parte, é um processo de melhoria, é melhorarmos, é a melhoria contínua, é passinho a passinho (...) a qualidade estando lá, meto-me sempre, não deixo passar as oportunidades de puxar a carroça para dentro da qualidade, mas tem tudo a ver (...) **Esses processos são perfeitamente levantados e integrados e fazem parte da qualidade** (...), mas a coisa tem que estar integrada, não pode ser de outra forma. É o que eu acho" (informação verbal).

   "**Não há**" (informação verbal).

- **Hospitais brasileiros**

   "(...) a acreditação é muito focada em trabalhar alguns requisitos básicos (...) e ir evoluindo. Eu acho que a questão do *lean* ajuda exatamente nessa gestão da melhoria dos processos, com a visão do todo, entender a questão de gerar valor para o paciente (...) mudar a cultura da forma como as pessoas trabalham e a acreditação tem isso. **Eu acho que ela vai em paralelo, tudo que a gente aplica na acreditação tem a ver com o *lean*"** (informação verbal).

   "(...) a gente acaba **discutindo qual é a melhor maneira de fazer isso, com as equipes** que a gente tem, eu falo assim e parece que eu tenho uma equipe enorme (...) Eu tenho três pessoas que trabalham comigo e tenho duas pessoas na área de gestão estratégica, que tem a formação em *lean*, por exemplo, mas são as pessoas que a gente tem para trabalhar dentro da instituição, para fazer todo esse processo de qualidade de segurança do paciente mais os projetos de melhoria. Mas a gente consegue fazer, desde que esteja bem claro o objetivo e a gente consiga realmente indicar onde eu vou usar cada um dos métodos. E nesse momento, normalmente, a gente tem discutido em cima de problemas, eu não tenho feito atividades proativas" (informação verbal).

"(...) **acreditação é gestão de projeto**. Eu posso utilizar um milhão de ferramentas, então elas não são excludentes (...) São processos guiados por ferramentas **que podem ter *lean*,** podem ter outras ferramentas embarcadas (...)" (informação verbal).

b. **Barreiras para integrar o *lean* à acreditação**

Este subtema contém situações tidas como barreiras internas para a integração do *lean* aos processos de acreditação do hospital.

- **Hospitais portugueses**

"Se a instituição (...) optar por utilizar **uma metodologia *lean* deveria sair também da área da qualidade**. Ponto. Ou pelo menos, deveria fazer parte do conhecimento da área da qualidade estas novas metodologias. Não há só a metodologia *lean* (...), existem várias abordagens que podem melhorar os processos de trabalho dentro das instituições. Para mim a integração dos processos *lean*, **tem que passar pela estratégia de governação da organização** e tem também, para além disso, que envolver estruturas da qualidade existentes dentro da organização, se elas existem tem que ser envolvidas (...). Para nós conseguirmos, enquanto estrutura da qualidade, sermos facilitadores para os processos *lean* serem integrados dentro da organização, nós precisamos ter a formação das pessoas todas, para o *lean*. Porque esta é uma barreira para mim. Porque assim: como é que eu vou propor uma solução seja a quem for, em termos de conselho de administração, se nem eu tão pouco domino a metodologia? Nem eu nem os meus colegas? Não estamos formados, não estamos formatados. Isto é assim como tudo na vida, nós precisamos de nos formatarmos para aprender (...) como é que eu vou fazer uma desmultiplicação ou uma sensibilização que é possível dos profissionais e dos serviços, para implementar metodologias *lean* se eu desconheço o que é a metodologia *lean*? (...) alguém da qualidade lá inserido, envolvido dentro dos processos, em todos os processos, estamos ao lado (...) nós temos que ter a visão estratégica" (informação verbal).

- **Hospitais brasileiros**

"(...) **a gente usou o *lean* muito mais numa visão pontual** de alguns processos que a gente entende na qualidade que a gente pode utilizar, porque a ideia era uma coisa gigantescas, era de implementar o *lean* no hospital inteiro. E aí depois teve uma mudança de estratégia da gestão e aí não se focou mais nisso" (informação verbal).

"(...) acho que é um desafio a gente conseguir pensar em melhoria sem deixar de lado os propósitos de segurança e qualidade e ao mesmo tempo a abordagem, ela tem que ser uma abordagem de que é possível fazer diferente. Existe como fazer diferente sem quebrar padrões de qualidade. Eu não acho que para tudo se aplica *lean* como eu também não acho que para tudo se aplica a ciência da melhoria, como acho que nem tudo se aplica outro método que seja, que a gente decida utilizar (...) entendo que a gente vai ter que escolher aquilo que é melhor para o objetivo (...) **a gente tem que escolher aquilo que fazer mais sentido para a área onde a gente vai atuar**" (informação verbal).

"Eu acho que esse é um processo de maturidade, saber que as pessoas vão utilizar ferramentas diferentes (...) elas são ferramentas de suporte a melhorias específicas (...) como eu disse, **a nossa principal abordagem tem sido a ciência da melhoria**, não o *lean*" (informação verbal).

c. **Benefícios de integrar o *lean* à acreditação**

Este subtema contém os benefícios percebidos quando o *lean* está integrado aos processos da acreditação do hospital.

- **Hospitais portugueses**

"Interferem positivamente nos processos da acreditação, **os profissionais** ficam mais sensibilizados para **olhar os processos de uma outra forma**, eu vejo como positivo e importante" (informação verbal).

"Não, não, zero (...) **eu não tenho evidências** (...) esses projetos dão trabalho, estes projetos têm que ter continuidade, e se eles não tiverem continuidade (...) as pessoas voltam-se ao mesmo. A qualidade é um todo, o que acontece é que depois o *lean* vem melhorar os processos da qualidade, não é? Mais *in loco*, mais na operacionalização (...)" (informação verbal).

- **Hospitais brasileiros**

"Eu acho que o ***lean* ajuda a consolidar a gestão da qualidade e começar a ter uma visão da gestão da rotina**, que eu acho que isso é um problema que muitas vezes na gestão, porque tu faz um projeto, implementa uma coisa é depois ela se perde com o tempo. Eu acho que manter a corda esticada usando uma metodologia como o *lean* ajuda a manter a rotina (...) a principal questão do *lean* é mudar a visão. Primeiro que eu acho que o *lean* é a qualidade total na prática (...) realmente implantar a qualidade total na prática. E aí, esse processo faz com que as pessoas mudem a visão, enxerguem coisas que o pessoal acha normal no dia a dia, e enxergar isso como desperdício (...) a acreditação é uma consequência (...) de uma boa gestão de processo. (...) tem que ter uma metodologia para isso, para trabalhar aí. E eu acho que o *lean* ajuda. Da forma como o *lean* é trabalhado, filosoficamente, eu acho que tem tudo a ver, ele alavanca a acreditação. Se souber implementar de uma forma adequada, ele vai gerar a tua acreditação, ele está trabalhando a base do processo que é a padronização, e aí tu consegue estabilizar e diminuir a variabilidade, então tu padroniza as coisas, e a partir daí tu começa a trabalhar na melhoria, a melhoria vai gerar qualidade (...). Então a excelência é um caminho (...) estar sempre melhorando, e eu vejo que essa visão do *lean* ajuda nisso (...) acho que o fundamental do *lean* é a participação das pessoas, na produção de qualidade e melhoria. Isso dá o poder para as pessoas terem autonomia na ponta, isso é uma coisa fundamental" (informação verbal).

"Acho que **trabalhar de forma multidisciplinar** para isso é importante. Envolver as pessoas certas é importante. Não vai adiantar nada tu fazer um projeto, por exemplo, na emergência, sem ter a equipe médica, assistencial e administrativa da emergência envolvida (...) só acelerar o atendimento de tal coisa na emergência, a possibilidade de tu esquecer algum passo que a assistência faz, ou que algum médico faz, é muito grande se tu não envolver todo mundo. Então as pessoas que tu envolve em projetos, a equipe que tu monta para atingir o teu resultado, eu acho que tem impacto bem grande na forma como as coisas são conduzidas e, realmente implantadas" (informação verbal).

"Eu acho que o maior ganho que a gente tem e que vai ter em todos esses processos é entender que **processos de melhoria vão sempre nascer de forma clara em instituições que queiram melhorar, independentemente do tipo de ferramenta**. Eu só preciso sempre ter esse norte da pessoa que esteja utilizando, precisa conhecer o método. É você não ficar limitado a um plano só (...) você vai buscar ferramentas de outras atividades, então o norte é: precisamos definir estruturas (...) Quais são as ferramentas que o grupo está trabalhando esse processo, são pessoas que trabalham com isso (...). Então eu acho que esse é um drive, porque eu acho que a ferramenta *lean* não vai morrer nunca (...) é uma cultura (...) de como você vai trabalhar as coisas. E se bem sedimentada, ela vira o valor, porque eu entendo que aquilo faz parte do dia a dia, e qual ferramenta que eu vou utilizar no dia a dia é só complemento" (informação verbal).

A seguir, será exibida uma síntese temática por meio de dois esquemas visuais: o primeiro resume os principais pontos extraídos das respostas dos gestores da qualidade dos hospitais portugueses; e o segundo, dos participantes brasileiros. Ainda para complementar a visualização, pode ser consultado um quadro anexo, no qual estão apresentados os principais pontos em colunas, para facilitar a comparação entre os hospitais portugueses e a brasileiros.

Figura 8. Síntese temática: participantes portugueses.

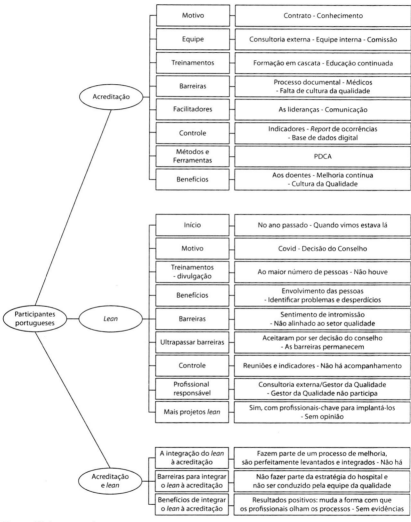

Fonte: Elaboração da autora.

Figura 9. Síntese temática: participantes brasileiros.

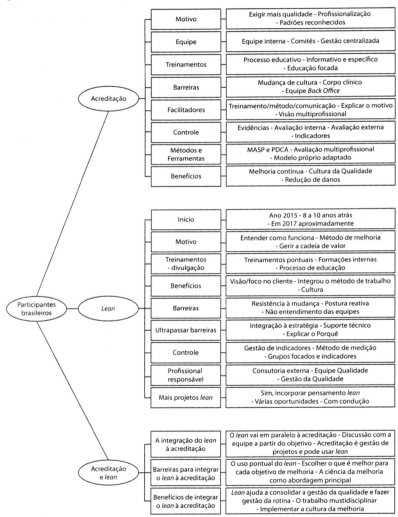

Fonte: Elaboração da autora.

5.2 O que nos mostram os documentos

Serão demonstrados, a seguir, os achados da análise documental realizada. Foram relacionados os resultados das buscas efetuadas nos *sites* mantidos pelos próprios hospitais, ou seja, com dados e das informações produzidos e publicizados de acordo com o interesse comunicacional das próprias unidades hospitalares portuguesas e brasileiras que integram este livro, acerca dos temas centrais: acreditação (incluindo a palavra "certificação") e *lean*, além da análise do *site* para evidenciar a existência de espaços destinados à área da qualidade.

5.2.1 Acreditação

Notícias e informações acerca do tema, divulgadas dentro do *site* do próprio hospital.

Hospitais portugueses

a. **Hospital 1**

A busca localizou 4 notícias internas que envolviam o tema. Destas, 2 eram idênticas, conforme detalhamento a seguir:

- Resultado 1: notícia sem data, que refere à acreditação e à certificação ISO, ressaltando a preocupação da alta gestão e do serviço de qualidade com a satisfação do utente e o reconhecimento da alta gestão às equipes envolvidas;

- Resultado 2: notícia idêntica à anterior;

- Resultado 3: notícia sem data que destaca a segurança clínica de um serviço específico do hospital, que se relaciona ao processo de acreditação da qualidade;

- Resultado 4: notícia sem data sobre a certificação de um serviço específico do hospital.

b. **Hospital 2**

A busca não localizou nenhum resultado.

Hospitais brasileiros

a. Hospital 3

A busca localizou 7 resultados, sendo eles:

- Resultado 1: notícia de 07/2019 sobre a acreditação específica de um serviço, atribuída por uma organização americana, tornando-se a segunda organização da América Latina a receber tal reconhecimento;

- Resultado 2: notícia sem data, apresenta um serviço específico, sua estrutura e diferenciais e refere as acreditações nacional e internacional que o hospital possui;

- Resultado 3: notícia de 04/2019, com a informação sobre a conquista, mais uma vez, da acreditação internacional pela JCI, na qual mencionam que o hospital possui, desde 2012, esse reconhecimento externo da maior e mais antiga agência verificadora da qualidade e segurança em saúde do mundo;

- Resultado 4: notícia de 06/2019 sobre a comemoração do aniversário do hospital, na qual relacionam alguns motivos para comemorar a data, entre eles está as acreditações nacional e internacional que o hospital possui e mantém ao longo dos anos, bem como outras certificações que diferenciam a unidade hospitalar;

- Resultado 5: notícia de 10/2019 que anuncia a reacreditação do hospital na metodologia da ONA, com Nível 3, que refere à excelência pela acreditadora nacional, que o hospital mantém durante muitos anos;

- Resultado 6: notícia de 01/2020, na qual a alta gestão manifesta a sua perspectiva sobre o futuro do hospital e cita os dois vetores estratégicos perseguidos pela organização: a melhoria na qualidade e na segurança dos pacientes e a eficiência nos custos da operação. Ressaltam a melhoria no quesito econômico, na medição da qualidade e sinalizam, mais uma vez, a acreditação renovada pela JCI e o grau de acreditação máxima – Nível 3 pela ONA;

- Resultado 7: notícia sem data, que apresenta um serviço específico, sua estrutura e diferenciais e refere as acreditações nacional e internacional que o hospital possui.

b. **Hospital 4**

Foram localizados 13 resultados a partir da busca pela palavra "acreditação", dos quais:

- Resultado 1: direciona para a área "Quem somos" do hospital, na qual consta a história da organização, seu reconhecimento público e apresenta a acreditação e as certificações existentes como um diferencial que possuem, bem como as parcerias em projetos com instituições de renome mundial no segmento saúde;

- Resultado 2: direciona para a área dos "Direitos e deveres dos pacientes", a qual contém um texto de orientação com as principais dúvidas dos pacientes e acompanhantes e referem que este documento está de acordo com o padrão internacional JCI;

- Resultado 3: direciona para uma área em que o hospital possui informações sobre os seus muitos prêmios e certificações, apresentados em uma linha cronológica;

- Resultado 4: notícia que comemora a renovação da acreditação internacional de qualidade do hospital, lista os pontos essenciais para este sucesso, bem como sinaliza e agradece o engajamento das equipes neste processo;

- Resultado 5: notícia interna de 10/2020 sobre a conquista de um prêmio de referência nacional, que o destaca na região em que o hospital está inserido. A notícia sinaliza que o prêmio deriva da existência da acreditação e parcerias internacionais que os destacam por sua qualidade na prestação de serviço;

- Resultado 6: notícia sem relação com o tema-chave deste tópico, "acreditação";

- Resultado 7: notícia de 01/2019 sobre a conquista do certificado ISO 9001 por um serviço específico do hospital;

- Resultado 8: referente ao mesmo tema do resultado 7;

- Resultado 9: notícia de 12/2017 sobre a conquista da certificação internacional ISO 9001:2015 em determinada unidade que integra o hospital, sendo o primeiro da sua região a obter essa conquista;

- Resultado 10: notícia de 10/2017 que não se relaciona com o tema "acreditação";

- Resultado 11: notícia de 09/2017 que comemora a renovação da acreditação internacional de qualidade ultrapassando os 5 ciclos consecutivos, o que é sinalizado na notícia como comprovação da qualidade e segurança na assistência prestada na unidade hospitalar;

- Resultado 12: notícia interna sobre os aprendizados derivados de um simpósio internacional promovido para uma categoria profissional específica do hospital, o que, segundo a notícia, reforça o compromisso do hospital com a produção e o partilhamento do conhecimento e a valorização de seus profissionais;

- Resultado 13: notícia que não está relacionada ao tema central "acreditação".

c. **Hospital 5**

Foi encontrado apenas um resultado na busca realizada com a palavra "acreditação":

- Resultado 1: notícia de 11/2020 sobre o reconhecimento internacional por meio de uma importante instituição acreditadora às práticas técnicas e científicas de um determinado serviço do hospital.

5.2.2 Certificação

Notícias e informações acerca do tema, divulgadas dentro do *site* do próprio hospital.

Hospitais portugueses

a. **Hospital 1**

A busca localizou 5 notícias internas que envolviam o tema, conforme detalhamento a seguir:

- Resultado 1: notícia sem data sobre a revalidação da certificação de um centro de referência próprio, destacando a qualidade das estruturas organizativas e a prática clínica, que o modelo da certificação afere e atesta a qualidade da organização, o empenho voluntário na melhoria contínua, a cultura de qualidade e segurança, o reconhecimento do empenho dos profissionais e a certificação como um forte estímulo para todos os profissionais envolvidos;

- Resultado 2: notícia sem data e idêntica ao resultado 4 da busca com a palavra "acreditação";

- Resultado 3: notícia sem data e idêntica ao resultado 1 da busca com a palavra "acreditação" no *site* do hospital;

- Resultados 4 e 5: notícias sem data sobre a certificação de um serviço específico do hospital.

b. **Hospital 2**

A busca não localizou nenhum resultado.

Hospitais brasileiros

a. **Hospital 3**

A partir da busca com a palavra "certificação", foram localizados 8 resultados:

- Resultado 1: notícia de 11/2018. Informa que um de seus serviços assistenciais recebeu a certificação da associação nacional da categoria da qual o serviço faz parte. Esta certificação tem o foco na qualidade e na segurança da assistência ao paciente internado no respectivo serviço;

- Resultado 2: notícia publicada em 05/2017, que comemora o reconhecimento internacional do hospital ocorrido por meio de uma metodologia norte-americana que orienta suas atividades por meio da empatia, do carinho e do respeito ao próximo;

- Resultado 3: a notícia não possui relação com o tema "certificação";

- Resultado 4: notícia de 02/2018, que informa sobre um prêmio recebido pela alta gestão da instituição e, entre os motivos elencados que justificam tal mérito, foram citadas as acreditações e as certificações que o hospital conquistou ao longo dos anos;

- Resultado 5: notícia de 04/2019 sobre um selo de certificação recebido por um serviço assistencial do hospital que reconhece a sua boa eficiência clínica, concedida por instituição brasileira que audita de acordo com padrões de assistência e qualidade, seguindo as normas estabelecidas pela Agência Nacional de Vigilância Sanitária (Anvisa);

- Resultado 6: notícia que não tem relação direta com o tema "certificação";

- Resultado 7: notícia idêntica ao resultado 1 do item "acreditação";

- Resultado 8: notícia idêntica ao resultado 3 do item "acreditação".

b. **Hospital 4**

Foram localizados 8 resultados com a palavra "certificação":

- Resultado 1: notícia sem data que apresenta a estrutura e os diferenciais de um serviço interno específico, na qual é mencionada a acreditação internacional que o hospital possui;

- Resultado 2: notícia idêntica ao resultado 1 do item "acreditação";

- Resultado 3: não tem relação direta com o tema central do item "certificação";

- Resultado 4: não tem relação direta com o tema central do item "certificação";

- Resultado 5: o resultado da busca direcionou para a área de sustentabilidade ambiental do hospital, na qual, entre muitas informações, estão relacionadas duas certificações recebidas pela unidade hospitalar derivadas de ações e programas sobre a responsabilidade ambiental;

- Resultado 6: notícia de 07/2021 sobre a visita de um representante da mais alta hierarquia do Ministério da Saúde do Brasil às instalações de um serviço específico do hospital, reformulado e reposicionado para mais eficiência, quando houve a menção às certificações e às acreditações que o hospital possui;

- Resultado 7: notícia de 06/2021 sobre a ampliação de um serviço assistencial do hospital, na qual fazem menção ao reconhecimento da qualidade com base em padrões internacionais, aferidos pela JCI;

- Resultado 8: notícia não tem relação direta ao tema deste item "certificação".

c. **Hospital 5**

Foram localizados 3 resultados com a busca sobre "certificação":

- Resultado 1: notícia de 04/2019 sobre o reconhecimento internacional de um serviço específico do hospital, ocorrida por meio de uma certificação de mais alto grau a nível mundial;
- Resultado 2: notícia de 08/2019 sobre a certificação de um protocolo assistencial implementado na instituição, que cumpre os padrões assistenciais requeridos por determinada instituição certificadora nacional;
- Resultado 3: notícia publicada em 09/2019 sobre a certificação pioneira no país de um programa de gestão específico implementado no hospital que cumpre os padrões estabelecidos por um organismo nacional de certificação.

5.2.3 *Lean*

Notícias e informações acerca do tema, divulgadas dentro do *site* do próprio hospital.

Hospitais portugueses

a. **Hospital 1**

A busca não localizou nenhum resultado.

b. **Hospital 2**

A busca não localizou nenhum resultado.

Hospitais brasileiros

a. **Hospital 3**

Foram encontrados 5 resultados, porém, não se relacionavam ao assunto *"lean"*; eram parte de uma palavra.

b. Hospital 4

A busca não localizou nenhum resultado.

c. Hospital 5

A busca não localizou nenhum resultado.

5.2.4 Área específica do *site* com informações sobre "Qualidade"

Por meio da navegação em todos os ícones de consulta disponibilizados no *site* do hospital, buscou-se identificar a existência de locais específicos para a comunicação sobre ações, programas, atividades, notícias e informações relacionadas ao tema "Qualidade".

Hospitais portugueses

a. Hospital 1

Foi localizada uma área específica no *site* com dados sobre o hospital e uma lista de serviços de apoio à gestão, entre os quais havia um ícone que direcionava a uma área própria para o "Serviço de qualidade e segurança". Nesta área, estavam dispostas informações sobre a estrutura existente no hospital para a condução das ações relativamente à qualidade interna e que este serviço integra a estrutura de gestão do hospital. Como principais responsabilidades deste serviço, destacam-se:

- O propósito de potenciar e focalizar a qualidade e a segurança da prestação dos cuidados em saúde nas pessoas;

- Promover o desenvolvimento estruturado das competências dos profissionais, com forte valorização à cultura de segurança, com incentivo e reconhecimento às melhores práticas;

- O referido serviço relaciona uma lista de valores, dentro dos quais estão a eficiência, a eficácia, a qualidade e a sustentabilidade da prestação de cuidados;

- Apresenta, entre as suas metas estratégicas, a busca pela alta confiabilidade, por meio dos referenciais de acreditação e certificação;

- A promoção da abordagem por processos clínicos e organizacionais;

- A gestão de riscos para a segurança clínica e organizacional;

- A monitorização de indicadores de qualidade e de desempenho assistencial;

- Existe, ainda, referência ao Sistema de Gestão da Qualidade, com o papel de estabelecer, documentar, implementar, controlar e melhorar todos os processos e atividades internos, o que inclui planejamento, execução e controle das ações para a melhoria da qualidade, acreditação e certificação, programas específicos da qualidade, avaliação da qualidade etc.

b. **Hospital 2**

Existe uma área chamada "Institucional", na qual foi identificado um ícone com o nome "Qualidade", contendo diversas informações importantes sobre a estrutura adotada pelo hospital para a gestão da qualidade. Dentro deste espaço, as informações estão separadas em grandes tópicos:

- Estratégia da qualidade: sinaliza que o desenvolvimento de atividades de melhoria contínua da qualidade, bem como o seu reconhecimento por meio da acreditação, integra a missão do hospital;

- Política da qualidade: visa à obtenção da gestão de qualidade total, por meio da implementação de sistemas e metodologias para a garantia da qualidade em todas as atividades do hospital. Por meio de um sistema de gestão da qualidade, identifica e promove atividades desde o planejamento, até a implementação, inclui a liderança e o envolvimento dos profissionais na melhoria contínua da qualidade dos cuidados e segurança dos doentes, suportado por programas capazes de avaliar sistematicamente suas estruturas, seus processos e seus resultados, com o objetivo de obter a excelência na prestação dos cuidados em saúde;

- Acreditação e certificação: apresenta o modelo de acreditação adotado na unidade hospitalar, bem como a existência da certificação ISO 9001:2008 em alguns serviços do hospital.

Hospitais brasileiros

a. **Hospital 3**

Na área nomeada de "Sobre nós", na apresentação do hospital, está destacado o fato de o hospital possuir acreditação internacional há vários anos. Também existe referência ao tema "qualidade e segurança" nos valores institucionais. Na mesma área, contudo, na aba "Prêmios e certificações", foram encontradas informações sobre o histórico temporal da acreditação e de várias certificações que o hospital possui, bem como os programas que favoreceram o alcance do reconhecimento das instituições acreditadoras e certificadoras nacionais e internacionais. Ainda foi encontrada uma parte do *site* na qual estão contidas as notícias do hospital, separadas por diversos temas, entre eles se evidenciou a existência do tema "Qualidade e Segurança", no qual existem 6 notícias, com a primeira em 11/2018 e a última em 12/2020, as quais contêm informações sobre ações realizadas internamente, que envolvem os profissionais, os pacientes e os familiares.

b. Hospital 4

No ícone com o nome "Institucional", existe uma subseção "Qualidade". Neste local, há informações sobre a concepção histórica da qualidade no hospital, além de uma referência específica para a acreditação internacional JCI, bem como demais prêmios e certificações existentes. Ainda na área "Institucional", contudo na subseção "Estrutura de Gestão", são apresentadas diversas informações sobre a identidade estratégica do hospital, em que aparecem, entre os valores, a excelência, a qualidade e a segurança, bem como o foco em resultado, ambos com relação ao tema em estudo.

c. Hospital 5

No ícone com o nome "Institucional", existe uma subseção chamada "Certificações", na qual consta um descritivo organizacional com a relação de todas as acreditações, as certificações, os prêmios, os selos recebidos pela unidade hospitalar ao longo dos anos, por instituições nacionais e internacionais. Já no título "Sobre o hospital", também localizado dentro da área "Institucional", existe um pequeno resumo histórico sobre a instituição, seu propósito e seus valores, os números que referenciam o volume dos atendimentos prestados, descritivos sobre as ações de sustentabilidade da organização, bem como uma parte que destaca as acreditações JCI e ONA.

5.2.5 Síntese dos hospitais portugueses e brasileiros

A seguir, são apresentadas as sínteses com os principais achados da análise de conteúdo, realizadas nos *sites* dos hospitais portugueses e brasileiros.

Figura 10. Síntese da análise documental dos participantes portugueses.

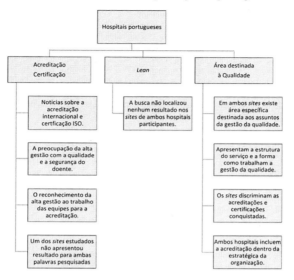

Fonte: Elaboração da autora.

Figura 11. Síntese da análise documental dos participantes brasileiros.

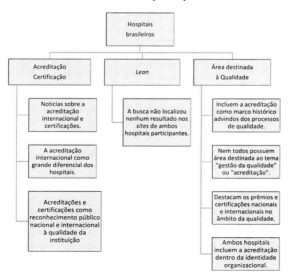

Fonte: Elaboração da autora.

"Comparar experiências não é sobre determinar quem é melhor ou pior, mas sim uma oportunidade para aprender. Cada comparação deve gerar reflexões em busca de conhecer diferentes caminhos para o crescimento, não um julgamento de valor."

Andréa Prestes

CAPÍTULO 6

COMPARANDO O CENÁRIO DOS HOSPITAIS PORTUGUESES E BRASILEIROS

Neste capítulo, será desenvolvida uma comparação entre os hospitais portugueses e brasileiros, tendo como base tudo o que foi possível identificar por meio das pesquisas aos dados abertos e entrevistas aos gestores da qualidade, levando em consideração os três principais tópicos foco deste livro: 1) acreditação; 2) *lean*; e 3) acreditação e o *lean*.

6.1 Foco 1: acreditação

Os hospitais portugueses e brasileiros que integraram a pesquisa para a construção deste livro, de forma geral, possuem um histórico inicial semelhante na busca pela acreditação. Um ponto que os diferenciou foi que, nos hospitais portugueses estudados, o movimento para a acreditação teve início por força de determinações advindas de decisões externas, não relacionadas diretamente às estratégias traçadas pelos próprios hospitais. Em relação aos participantes brasileiros, a decisão pela busca da acreditação foi da alta gestão, alinhada ao posicionamento estratégico dos hospitais. Independentemente desta diferença, percebe-se que em ambos os cenários houve a validação e a sedimentação dos processos da acreditação. O evidenciado coaduna com outro estudo (75) que apresenta que a busca pela acreditação pode advir de uma decisão política dos países, de instituições governamentais e não governamentais e, mesmo que não exista uma visão única sobre os propósitos da acreditação, o sucesso vai depender dos objetivos e das metas que se pretende atingir de acordo com cada realidade e metodologia escolhida.

Observou-se que o caminho percorrido por essas unidades hospitalares, desde a decisão de buscar a acreditação até o momento em que foram efetivamente acreditadas, foi composto de muitas ações para o convencimento e o treinamento das equipes. Existiu o apoio da alta gestão, a condução por profissionais dedicados exclusivamente ao tema, bem como houve participações de lideranças dos mais diversos serviços dos hospitais e de comissões compostas para apoiar o processo interno da qualidade. Um fator positivo percebido em ambos os hospitais foi o envolvimento das equipes multiprofissionais nos processos estruturantes e de condução, o que se supõe que tenha facilitado a implementação e a manutenção da acreditação ao longo dos anos. Quando as instituições adotam uma abordagem capaz de englobar as múltiplas funções que convivem dentro do contexto, espera-se gerar mais facilidade na mudança cultural necessária para a acreditação (76).

Interessante destacar que, tanto nos hospitais portugueses quanto nos brasileiros estudados, inicialmente, existiu o apoio de uma consultoria externa para a implantação das ações necessárias ao processo de acreditação, o que aparentemente auxiliou positivamente. Com o passar do tempo e da apropriação da metodologia pelas equipes internas, esta consultoria deixou de existir, o que leva à compreensão de que os profissionais do hospital conseguiram se apropriar do conhecimento capaz de sustentar a condução do projeto. Estudos pregressos apontam que alguns casos tiveram boas experiências com a participação de consultores especializados na preparação à acreditação (77). Em ambos os casos, houve uma integração multidisciplinar, com participações das lideranças, conduzida por um profissional do serviço interno de gestão da qualidade. Este cenário está alinhado com um estudo que apresenta o gerenciamento adequado do conhecimento produzido internamente nos hospitais, como suporte para que as pessoas desenvolvam suas ações embasadas na aptidão conquistada, nas experiências vividas, nas regras e na cultura interna, o que contribui para o sucesso dos resultados (78).

Acredita-se que, com o passar dos anos, houve um aperfeiçoamento na condução da acreditação pelas equipes internas dos hospitais, advindo, possivelmente, do processo intenso de formação das pessoas, desde o nascedouro dos projetos de acreditação. Identificou-se que, desde o início das atividades para a acreditação, foram desenvolvidos planos de treinamento internos com o envolvimento das lideranças e dos profissionais da assistência, bem como, em ambos os hospitais, ainda são mantidas as formações específicas sobre o tema avaliação interna. Estudos demonstram que a instrumentalização dos profissionais, via processo de educação continuada, permite melhor adaptação às mudanças, por meio de treinamentos que priorizem o foco na segurança dos pacientes e trabalhadores (78) e relatam o desenvolvimento do conhecimento individual e coletivo provocado pela acreditação (77).

Os hospitais criaram uma estrutura para a gestão da qualidade capaz de suprir as necessidades desde o planejamento das ações de melhoria, a implementação destas, até a análise dos resultados, o que pode estar relacionado com a capacidade de integrar as pessoas nos processos de acreditação e, decorrente disto, a criação de uma cultura da qualidade e segurança que sustenta e facilita a realização dos ciclos de melhoria e a manutenção da acreditação ao longo dos anos, bem como a conquista de outras certificações específicas de alguns serviços. Hussein et al. (2021) também encontraram um efeito positivo da acreditação na cultura de segurança no nível organizacional.

Mesmo que as barreiras enfrentadas tenham se mostrado distintas entre hospitais portugueses e brasileiros, sendo que os primeiros relacionaram a parte documental como uma das principais, acrescida do entendimento das pessoas para o que estava sendo requisitado, ambos conseguiram aproveitar a necessidade de cumprirem os padrões internacionais estabelecidos na metodologia de acreditação à qual seguiram e criaram suas políticas e condutas de trabalho. No caso brasileiro, o maior enfrentamento esteve na mudança cultural e na integração das equipes médicas e de suporte. Em ambos os cenários, existiram facilitadores do processo, que os ajudaram a ultrapassar as barreiras. Nos casos portugueses, destacam-se a participação das lideranças, principalmente as médicas e o trabalho conjunto ao serviço da comunicação interna. Já para os hospitais brasileiros, o suporte da alta gestão e o aprendizado do processo foram cruciais. A mudança cultural é complexa de ser realizada, conforme aponta um estudo sobre o gerenciamento das mudanças nas instituições de saúde, em que as necessidades podem incluir novas práticas de cuidados, mas todas precisam considerar as diversas abordagens possíveis e flexíveis para a condução da mudança desejada (79).

Identificam-se como pontos positivos os controles e a forma continuada de acompanhamento em todos os casos estudados, principalmente baseados em conjuntos de indicadores da qualidade, sistema de reporte para as notificações de ocorrências que integram a gestão de riscos da organização, além das auditorias internas e externas. O monitoramento contínuo pressupõe uma evidência aos envolvidos dos avanços obtidos por meio dos processos de acreditação, o que vem de encontro ao que indica outro estudo (80), que sugere mudanças positivas nas medidas de desempenho, com a existência de evidências plausíveis de que a acreditação hospitalar promove a qualidade do serviço, visto a melhoria dos processos.

Os principais benefícios da acreditação nos casos portugueses incluem:

- Os pacientes, que usufruem de uma assistência segura e com mais qualidade, com a minimização dos riscos clínicos e não clínicos;

- Os profissionais, que atuam em uma instituição acreditada, pela oportunidade de desenvolverem e interiorizarem a necessidade da melhoria.

Nos casos brasileiros, identificam-se como principais pontos:

- O desenvolvimento da cultura da qualidade e de oportunidades contínuas de melhoramento.

6.2 Foco 2: o *lean*

A decisão para a utilização do *lean* nos hospitais portugueses veio da alta gestão; contudo, aparentemente, apenas no Hospital 1 é que o motivo ficou claro para os colaboradores. Nos dois casos, o uso do *lean* é recente, tempo que não deve superar dois anos. Relativamente ao início do uso do *lean*, identifica-se uma diferença na forma de condução entre os Hospitais 1 e 2: apenas no primeiro houve a inclusão do profissional responsável pela qualidade. No segundo, o gestor da Qualidade não participou do processo de iniciação do *lean* no hospital, tampouco foi comunicado, informado ou integrado às ações dos projetos. Em ambos os casos, todos os projetos *lean* desenvolvidos até o momento foram conduzidos por uma empresa de consultoria externa.

Um estudo apresenta que a contratação de consultoria externa pode ser um fator-chave positivo para a implementação do *lean* quando o corpo técnico interno não dispõe de conhecimento e experiência sobre a metodologia (81). Contudo, outro estudo demonstra que, se houver baixa qualificação no âmbito do *lean* nas gerências que precisarão implementar as ações dos projetos, estas tendem a assumir ações incompatíveis com a filosofia, tornando-se um dos principais causadores de insucesso dos projetos *lean* (82).

Nos hospitais brasileiros participantes, a decisão por utilizar o *lean* envolveu diversos atores, entre eles a alta gestão, o serviço de Gestão da Qualidade e os setores que trabalhavam (à época) especificamente para o melhor desempenho operacional. O hospital que usa o *lean* há menos tempo o utiliza há cinco anos, e o com mais tempo, entre oito e dez anos.

Em dois dos três participantes, desde o princípio dos projetos *lean*, a gestão da Qualidade foi responsável pelas iniciativas. No caso do Hospital 4, no início existia outro setor responsável pela condução; ainda assim, observa-se que houve a participação e o conhecimento do serviço da Qualidade. Somente no caso do Hospital 3 é que foi identificada a contratação de uma empresa de consultoria externa para iniciar os trabalhos *lean* (posteriormente, passaram a conduzir com equipes internas).

A partir deste ponto, **começam a ser identificadas diferenças entre os participantes portugueses e brasileiros** que podem estar relacionadas com o tempo de uso do *lean* e a forma como foram implantados os primeiros projetos e direcionar os resultados para o ponto principal desta pesquisa: a existência da integração do *lean* à acreditação.

Dentro da amostra portuguesa, foi identificada uma dicotomia na forma de iniciação dos projetos *lean* no que tange à comunicação e aos treinamentos. Em um dos hospitais, existiram treinamentos pontuais e comunicação interna, sendo esta última conduzida pela alta gestão. Já no outro caso, não existiram treinamentos e comunicação aos profissionais da organização. Ainda que em ambas as unidades de saúde os projetos *lean* foram conduzidos por empresa externa de consultoria, pode ser identificada como ponto principal de diferença a forma como a alta gestão conduziu e envolveu o serviço de gestão da Qualidade na implementação dos projetos. No Hospital 1, este serviço foi integrado em todo o processo e ficou responsável pelo controle e pelo monitoramento dos resultados, além de participar das ações de implementação, enquanto no Hospital 2 os trabalhos não tiveram a participação de representantes da gestão da Qualidade, além de que estes não foram comunicados ou envolvidos nas ações de implantação do *lean*.

Supõe-se que a inexistência de treinamentos e divulgação às equipes sobre o que estava a ser realizado possa ter dificultado a execução dos projetos nos casos portugueses. Estudos demonstram que os bons resultados dos projetos *lean* precisam ser baseados em treinamentos que incluam todos os profissionais, sem esquecer os médicos (83).

Nos casos brasileiros, apenas no Hospital 3 foram identificados treinamentos pontuais, contudo com divulgação ampliada aos colaboradores. Já nos outros dois, ficou evidenciado um processo estruturado de formação que parece ter sedimentado o percurso desenvolvido dentro das unidades hospitalares durante os anos que utilizam o *lean*. Acredita-se que os fatores "treinamento e divulgação" aos colaboradores são decisivos para o bom andamento e os resultados positivos dos projetos. Este pensamento está alinhado a estudos que dizem ser essencial uma ampla divulgação inicial aos funcionários para informá-los e convencê-los da nova iniciativa para que existam resultados positivos dos projetos *lean* (83).

A integração e o envolvimento das pessoas-chave parecem também ter contribuído positivamente para a utilização do *lean* nos hospitais brasileiros, o que não foi percebido de forma clara nos casos portugueses. No Hospital 1, identifica-se a participação do gestor da Qualidade nas ações do *lean* que, aparentemente, possui interferência na lista de benefícios que o profissional cita relacionados aos projetos, e é possível perceber uma visão positiva, de integração e inclusão das pessoas. No caso do Hospital 2, identificou-se um desalinhamento das iniciativas *lean* à gestão da Qualidade que não foi identificado pelo gestor da Qualidade, benefícios dos projetos *lean* executados. Estudos sugerem que o envolvimento da liderança é um dos principais pontos para o sucesso das implementações *lean*, aliado à clareza de objetivos e aos treinamentos das pessoas (84).

Este afastamento do serviço da qualidade em relação aos projetos *lean* no Hospital 2 parece mais evidente ao não ter sido encontrada ligação do *lean* com a estrutura da qualidade existente no hospital, o que pode ser compreendido como uma das barreiras para a implementação destes projetos, visto que poucas pessoas são envolvidas e treinadas, tornando--se, por vezes, um projeto da "chefia", e não do serviço onde está sendo trabalhado. Foi identificado que o *lean* no Hospital 2 é tido como uma situação temporária, pelo fato de não existir um processo reconhecido na organização, o que também aparece como barreira à sua implementação, que ainda não foi superada. Neste sentido, estudos apontam que a alta gestão deve promover a ampla participação das pessoas nos projetos *lean*, inclusive dos profissionais da linha de frente na tomada de decisões relacionadas ao seu dia a dia de trabalho e na construção dos objetivos dos projetos, sendo considerados aspectos necessários para que seja criado um ambiente favorável à implementação bem-sucedida (84).

Os achados no Hospital 2 podem significar que o *lean* não se trata de algo declarado ou parte da estratégia da organização. Em contrapartida, as barreiras identificadas no Hospital 1 dizem respeito à resistência inicial das equipes. Esta barreira parece ter sido superada pelo fato de que o uso do *lean* partiu das decisões da alta gestão. A falta de alinhamento estratégico e o não envolvimento das equipes pode ser um problema à execução dos projetos. Um estudo sobre a implementação do *lean* em hospitais identificou que as iniciativas de sucesso são desencadeadas pelo planejamento estratégico e operacionalizadas por projetos de melhoria contínua (85). A falta da participação de gestores e funcionários no desenvolvimento dos objetivos e das metas dos projetos *lean*, pode ter dificultado o engajamento dos colaboradores. Esta linha é defendida em outro estudo que relata que esta barreira é ainda mais percebida em organizações de saúde, onde as equipes interdisciplinares trabalham todos os dias para garantir resultados positivos ao paciente (86).

Nos hospitais brasileiros estudados, supõe-se que o fato de os serviços da Qualidade serem os responsáveis pelas iniciativas de melhoria e participarem das decisões sobre "onde" e "quando" utilizar a abordagem *lean* contribuem para que a sistemática desenvolvida seja mais clara, validada e reconhecida. Em todos os hospitais da amostra brasileira, ficou evidenciado que o *lean* é reconhecido como um método de implementar melhorias, mas não é o único. A cada necessidade existente advinda de problemas ou de oportunidades de melhorias, as estruturas da qualidade conduzem discussões com os envolvidos e escolhem a abordagem de melhoria que melhor convém ao caso.

As barreiras percebidas para o uso do *lean* nesses hospitais estão relacionadas à mudança da alta gestão, à falta de conhecimento dos "donos" dos processos, à resistência à mudança e ao motivo de usar o método. Isso vem de encontro ao que o IHI refere sobre a motivação dentro das organizações de saúde para o uso de abordagens advindas da indústria, o que torna a mudança difícil de ser implementada, além das implicações culturais internas que podem incluir a disposição em mudar a forma como as coisas acontecem naquele local, necessitando de mais intensidade nos esforços, com o cuidado para não causar sentimento de pressão nas pessoas envolvidas (10). A resistência dos profissionais em projetos *lean* também foi identificado em outro estudo, no qual as equipes responsáveis pela implementação tiveram que lidar com esse fator (85).

O modo de superar as barreiras nos hospitais brasileiros da amostra se deu de forma distinta em cada caso, visto que a percepção de dificuldade também variou entre eles. As principais ações foram: a inclusão do *lean* no planejamento estratégico do hospital, a existência de especialistas *lean* na equipe da Qualidade para conduzir e auxiliar os serviços na implementação dos projetos, e o tralho de convencimento das equipes de que o *lean* não é modismo ou algo momentâneo, mas sim uma forma de implementar melhorias.

Alguns estudos já referiram que a falta de entendimento sobre o *lean* pode comprometer o seu uso (82), que os projetos iniciados devem fazer parte da estratégia da organização e ser amplamente divulgados para favorecer os bons resultados (86), além de que determinar uma equipe responsável pela implementação melhora o engajamento e o sucesso dos projetos (83). Outro estudo mostra que, mesmo quando a implementação do *lean* seja considerado eficaz nos ambientes de saúde, persiste uma lacuna relacionada ao engajamento e à capacitação das pessoas (87).

Possivelmente, a forma como os projetos *lean* foram iniciados nos hospitais portugueses pode repercutir diretamente na condução e no seguimento das ações, bem como no monitoramento e na sustentabilidade dos resultados. No Hospital 1, fica claro que existe acompanhamento dos resultados e a busca contínua de melhorias por meio de reuniões em que são possibilitadas discussões de ideias entre os membros das equipes. Contudo, no Hospital 2, o fato de o serviço da qualidade não ter sido integrado aos projetos *lean* dá a entender que não existe controle e monitorização permanente dos resultados alcançados, o que não favorece a continuidade do processo. Isso vem de encontro aos achados de outros estudos, ao exemplo de Abdallah (83), que refere que a falta de acompanhamento é um dos motivos de falha dos projetos *lean*. Para que exista a melhoria contínua, é necessário usar ferramentas para o controle e definir planos para o aperfeiçoamento a ser conduzido pela equipe *lean* responsável.

Nos hospitais brasileiros estudados, foi identificado que os acompanhamentos e controles dos projetos *lean* entram no rol de indicadores e formatos de monitorização já realizados pelo serviço de gestão da Qualidade. Um ponto interessante observado no Hospital 4 foi a sinalização primária dos objetivos que se pretende alcançar com determinado projeto de melhoria, ou seja, a identificação de quais serão as métricas de medições para evidenciar se o projeto correu bem. Isso pode significar uma maior maturidade na execução deste tipo de abordagem. Esse foco integrado da condução dos projetos *lean* associados aos objetivos da qualidade foi considerado como o significado do sucesso no uso do *lean* em organizações hospitalares que mencionaram a necessidade de vincular os controles à manutenção, a ampliação da qualidade e segurança às pessoas dentro da

A JORNADA *LEAN* NA ACREDITAÇÃO HOSPITALAR

organização, observando a relação qualidade-produtividade, em que o aumento da produtividade só é viável se não ocasionar desfechos negativos na qualidade assistencial (81).

6.3 Foco 3: a acreditação e o *lean*

Todos os pontos de análises discutidos até aqui subsidiam a construção das respostas aos objetivos deste livro e no entendimento sobre a integração do *lean* aos processos da acreditação nos hospitais.

A partir do histórico da implementação do *lean* nos hospitais portugueses, compreende-se que, no Hospital 1, existiu um esforço para o alinhamento das ações do *lean* à acreditação desde o início, para que ambas as iniciativas pudessem integrar um processo de melhoria contínua dentro da instituição. Acredita-se que essas tentativas no futuro possam resultar em contribuições positivas nos resultados da acreditação, visto que, a partir do uso do *lean*, houve maior sensibilização dos profissionais em analisar os processos de forma detalhada, o que demonstra o quão favorável pode ser o cenário nesta instituição para a ampliação dos projetos *lean* em um escopo de trabalho integrado à acreditação para a melhoria contínua.

Em contrapartida, no Hospital 2, não foi identificada nenhuma ação que pudesse incidir em tentativas de integração, como, por exemplo: alinhamento interno, comunicação ampla, declaração na estratégia da organização sobre o uso do *lean* como abordagem de melhoria e o motivo dos projetos. É provável que a falta de tais ações tenha impedido o trabalho integrado do *lean* à acreditação. Um ponto positivo identificado no Hospital 2 é que o gestor da Qualidade acredita que a qualidade deve ser vista como um todo, e, para que exista uma condução adequada dos projetos *lean*, é necessário que a equipe da Qualidade seja treinada e qualificada para que se torne apta a usar e a multiplicar internamente a metodologia. Essa linha de pensamento coaduna com o apresentado por um estudo sobre o *lean* em organizações de saúde, que identifica os treinamentos e as capacitações da equipe de implementação como fatores determinantes ao sucesso dos projetos, devendo incluir enfermeiros, médicos, técnicos de laboratório e pessoal administrativo (83).

Nos hospitais brasileiros estudados, aparentemente existiu um processo de construção e integração das pessoas ao movimento *lean*, com objetivos e metas atrelados, o que pode ter surgido em decorrência da motivação inicial para o uso da abordagem, que foi baseada no entendimento de que o *lean* é uma metodologia para implementar melhorias. Tudo indica que houve maior êxito ao declararem o *lean* como forma de estruturar e implementar ações de melhorias, para a agregação de valor aos pacientes, incluindo a participação dos profissionais nos processos. Essa sistemática de usar diversos métodos para implementar e manter as melhorias nos ciclos da acreditação vem ao encontro do que dizem Devkaran e O'Farrell (2015). Eles defendem que é preciso ter uma postura não pontual, mas contínua na busca do aperfeiçoamento dos processos, e que o grande desafio é manter a equipe envolvida nos ciclos de melhoria, sendo oportuna a inclusão de novos métodos de melhorias para sustentar os resultados positivos obtidos com a acreditação (88).

Destaca-se que, nas estruturas de gestão da qualidade declaradas por ambos os casos portugueses, evidenciadas por meio das análises documentais, estão contidas informações de que qualquer movimento institucional para a promoção da qualidade, segurança do doente e melhoria contínua são parte do escopo do serviço de gestão da Qualidade. Fazem constar o papel estratégico da gestão da Qualidade, com a inclusão da segurança do doente, qualidade, melhoria contínua, como parte, inclusive, da identidade estratégica organizacional. Porém, apenas foi possível confirmar a existência de serviços da Qualidade estruturados e com equipe de trabalho com dedicação exclusiva ao tema, mas não foi possível confirmar o posicionamento estratégico destes serviços na prática. É suposto que este fator tenha total interferência no sucesso dos projetos *lean* e para sua integração à acreditação, uma vez que, ao não existir atuação estratégica dos serviços da Qualidade em todos os projetos de melhorias implantados, isto pode dificultar o desenvolvimento de um olhar integrado e complementar das iniciativas *lean* que venha a desencadear contribuições positivas aos processos da acreditação e nos ciclos de melhorias decorrentes destas avaliações.

A implementação eficaz dos projetos *lean* para melhorar os resultados organizacionais dos hospitais requer o compartilhamento de metas e processos entre gestores e profissionais de saúde, o que remete à necessidade de alinhamentos da alta gestão com o serviço da Qualidade. O *lean,* para ser implementado com sucesso em organizações de saúde, deve seguir uma abordagem holística considerando pontos mínimos que precisam compor a estrutura do trabalho (83), o que pode indicar melhores resultados em diversos aspectos organizacionais, uma vez que viabiliza um olhar integrado das ações.

Nos casos brasileiros participantes, diferentemente dos participantes portugueses, não foi identificada, na análise documental, qualquer menção à estrutura de serviços da Qualidade, hierarquias internas do serviço, políticas ou assuntos diretamente relacionados. Foi constatado que os temas relacionados à acreditação, a certificações, à qualidade, à segurança e a resultados fazem parte da identidade organizacional dos hospitais. De toda forma, foi possível identificar, durante as entrevistas, que, na prática, o trabalho desempenhado pelos serviços da Qualidade nos hospitais brasileiros possui posicionamento hierárquico estratégico alinhado com a alta gestão. Estão integrados e participam das decisões de topo que envolvem os assuntos relacionados à qualidade de uma forma global.

Os processos para os ciclos de melhorias decorrentes da acreditação nos casos portugueses se mostraram reconhecidos e validados, o que pode ser resultado dos muitos anos que já direcionam esforços para estas iniciativas, tornando-se parte do histórico positivo declarado pelos hospitais. Identificou-se que existe uma estrutura por meio da qual as ações para a qualidade são promovidas e sustentadas, que incluem aspectos hierárquicos, com autonomia interna para a ampla condução do trabalho com vistas à manutenção da acreditação existente e para a busca de novas.

Já no caso do *lean*, não foi identificado o mesmo estilo ou estrutura de trabalho. Ainda que existam iniciativas *lean* em projetos de melhoria, esta sistemática de ação não está atrelada à estrutura da qualidade disponível, o que, de certa forma, pode interferir negativamente na obtenção de bons resultados aos próprios projetos *lean* e dificultar que possam desencadear melhorias nos processos da acreditação. Isto posto, não foi possível identificar a integração do *lean* à acreditação nos casos portugueses.

Nos casos brasileiros estudados, verificou-se que a manutenção das acreditações e certificações já existentes nas unidades, além da busca por novos reconhecimentos externos, faz parte da visão de trabalho do serviço de gestão da Qualidade, o que pode contribuir na forma como conduzem as ações de melhoria e como escolhem o método a ser usado em cada situação. Identificou-se que o *lean* integra os métodos internos para a melhoria dos processos relacionados à acreditação, contudo, não se restringem a ele. Foi percebido que, durante os anos em que trabalham e desenvolvem formas de atender aos padrões internacionais da qualidade, buscaram métodos que os pudessem auxiliar nos processos de melhoria dos ciclos, fazendo o uso de formas já validadas, contudo, adaptadas à realidade interna.

Diante disso, ficou constatado, nos hospitais brasileiros estudados, que o *lean* está integrado à acreditação. Ainda que não seja o método exclusivo, faz parte de um escopo maior de trabalho. Cabe ressaltar que, em função do tamanho da amostra dos hospitais brasileiros desta pesquisa, bem como de seus perfis de referência na gestão da Qualidade, provavelmente não os tornam representativos. Assim sendo, não se pode fazer uma generalização do cenário brasileiro quanto à integração do *lean* aos projetos de acreditação.

Estão listados, a seguir, os principais pontos nos quais foram percebidas diferenças na comparação entre os casos portugueses e brasileiros estudados que, supostamente, possam ter interferência para os bons resultados dos projetos enxutos, bem como para a integração do *lean* à acreditação, já contextualizados e exemplificados anteriormente.

Quadro 2. Principais diferenças entre os casos portugueses e brasileiros estudados.

Item	Casos portugueses	Casos brasileiros
Decisão para utilizar *lean*	Alta Gestão	Alta gestão e equipes da Qualidade
Tempo de uso do *lean*	Dois anos, em média	Sete anos, em média
Responsável pela implementação do *lean*	Consultoria externa	Equipe da Qualidade
Treinamentos e divulgação interna do *lean*	Pontuais	Pontuais e ampla divulgação; formações internas; parte do processo de educação interna

Fonte: Elaboração da autora.

"Com o fim de um projeto, fechamos um capítulo, mas abrimos um livro inteiro de possibilidades. Cada conclusão é o início de outras perguntas e infinitas oportunidades de aprendizado. A superação é a ponte para novos horizontes. Que as experiências adquiridas nos impulsionem para novos desafios e que a busca pela excelência seja uma constante em nossas vidas. Que a melhoria contínua não seja apenas um conceito, mas uma realidade vivida e sentida por todos nós."

Andréa Prestes

CONSIDERAÇÕES FINAIS

O estudo conduzido para a elaboração deste livro buscou saber se/como os hospitais portugueses e brasileiros integram o *lean* à acreditação, identificar semelhanças na forma de trabalho entre os casos estudados nos dois países, as barreiras e os facilitadores, bem como a existência de benefícios decorrentes desta integração.

A literatura consultada não dispõe de linhas de estudos que tivessem ocorrido previamente e que auxiliassem no embasamento do entendimento dos achados da pesquisa, decorrendo daí a utilização de comparações com estudos prévios que trataram os temas *lean* e acreditação de forma independente, sendo esta a principal limitação do estudo, associada à impossibilidade de realizar observação *in loco*, visto o período pandêmico que persistiu durante toda a construção desta obra.

Foi possível evidenciar que os hospitais estudados de ambos os países possuem uma estrutura robusta da qualidade, com a existência de profissionais dedicados e exclusivos à função, fortalecidos por comissões e participação de diversas lideranças. Possuem processos validados que os possibilitam manter as acreditações internacionais, diversas certificações e prêmios relativamente ao aspecto qualidade. Mesmo tendo sido evidenciadas, em todos os hospitais, as principais barreiras enfrentadas e as formas que cada caso utilizou para obter sucesso nos ciclos de melhorias para a acreditação, relativamente aos processos que incluem o uso do *lean*, não ficou evidente a existência de uma estratégia específica para esta finalidade.

O olhar sistêmico do macroprocesso, a fim de que as iniciativas para a melhoria da qualidade e dos resultados organizacionais obtenham o sucesso desejado, não ficou evidente nos casos portugueses. Já nos casos brasileiros, tudo indica que existe mais alinhamento e integração interna dos projetos implementados visando à promoção de ciclos de melhorias, dando a compreensão de que o *lean* está integrado à acreditação, havendo indícios de que existe um olhar macro da gestão de topo, o que inclui as ações da gestão da Qualidade, possibilitando união dos esforços de melhoria, mais aceitação e inclusão das equipes e menos redundância de atividades. Ainda assim, não é possível afirmar que nos casos estudados os resultados do *lean* contribuíram com a melhoria dos processos da qualidade para a acreditação.

Em todos os hospitais estudados, foi reconhecida que a implementação do *lean* ainda pode ser ampliada. Dentre os principais fatores capazes de impedir a sua utilização estão: o ambiente complexo dos hospitais; a multidisciplinariedade de profissões que integram estas organizações; o envolvimento das lideranças e da alta gestão.

É suposto que a criação de uma forma própria de desenvolver os projetos de melhoria, alinhada aos processos de acreditação, adaptados à realidade da instituição e aos profissionais que dela fazem parte, da sua cultura e do perfil de trabalho, pode contribuir positivamente para os melhores resultados, conforme foi possível evidenciar nos casos brasileiros, o que supostamente possibilitou uma visão ampliada da gestão sobre os processos, desencadeando a integração das ações de melhoria no modo de operar a qualidade.

Nos hospitais em que ficou evidenciada a integração do *lean* à acreditação, como principais pontos positivos, aparecem: condução centralizada dos projetos de melhoria; visão sistêmica dos processos; mais facilidade de compreensão de onde estão as barreiras que precisam ser superadas; e mais clareza sobre as oportunidades de usar o *lean* para apoiar os processos da acreditação. Principalmente no que se refere ao olhar sistêmico do todo e integrado das partes, favoreceu a preocupação da manutenção dos padrões da qualidade.

Um fator preponderante para que as equipes da Qualidade que implementam projetos *lean* tenham respaldo em seus trabalhos é o apoio da alta gestão e a ampla comunicação a todos da organização. Nos casos estudados em que este quesito foi superado, houve mais facilidade para a execução das ações.

Ficou evidenciado que existe semelhança na forma como os hospitais portugueses e brasileiros trabalham os processos de acreditação; contudo, isto não foi confirmado quanto à utilização do *lean* nos casos estudados.

Na amostra portuguesa, as barreiras identificadas para o uso do *lean* supostamente não foram ultrapassadas, questões estas que ainda podem impedir a integração da metodologia *lean* à acreditação. Nos hospitais brasileiros, identificou-se um trabalho ajustado à realidade de cada caso que demonstra ações de integração do *lean* à acreditação; contudo, não como a única abordagem utilizada para a implementação de melhorias. É importante ressaltar que a amostra dos casos brasileiros é pequena para que seja feita uma generalização do país, somando-se a isso o fato de que os hospitais da amostra selecionada podem ser considerados com um nível de maturidade em gestão da qualidade superior a maior parte dos hospitais no país. Sendo assim, provavelmente não traduzem a realidade brasileira.

Esta obra atendeu aos objetivos propostos, sendo um auxílio na construção do entendimento sobre a integração das ações para a melhoria contínua dentro dos hospitais. Contudo, persiste uma série de fatores que precisam de mais aprofundamento e estudo. Pesquisas futuras precisam ser realizadas para abordar temas complementares e ampliar a compreensão sobre o impacto do engajamento da alta gestão para melhores resultados organizacionais em projetos de melhoria e na promoção da visão sistêmica, bem como os benefícios de uma estratégia de comunicação e treinamento às equipes, atrelada aos projetos.

REFERÊNCIAS

1. Drucker PF. O melhor de Peter Drucker: o homem, a administração e a sociedade. São Paulo: Nobel; 2002.

2. Carpinetti LCR. Gestão da qualidade: conceitos e técnicas. 3 ed. São Paulo: Atlas; 2016.

3. Ovretveit J. Melhoria de qualidade que agrega valor. Rio de Janeiro: Proqualis; 2015.

4. Fortune T, O'Connor E, Donaldson B. Guidance on designing healthcare external evaluation programmes including accreditation. International Society for Quality in Health Care. 2015;1-84.

5. Graban M. Hospitais *Lean*: melhorando a qualidade, a segurança dos pacientes e o envolvimento dos funcionários. Porto Alegre: Bookman; 2013.

6. Rakhmanova N, Bouchet B. Quality improvement handbook: a guide for enhancing the performance of Health Care Systems. 2017;(March).

7. DeFeo JM, Juran JA. Fundamentos da Qualidade para Líderes. Porto Alegre: Bookman; 2015.

8. Legido-Quigley H, McKee M, Nolte E, Glinos IA. Assuring the Quality of Health Care in the European Union: A Case for Action. Copenhagen: WHO Regional Office for Europe. 2008;210.

9. World Health Organization W. Quality and accreditation in health care services: a global review. Geneva: World Health Organization; 2003.

10. Boaden R, Harvey G, Moxham C, Proudlove N. Quality Improvement: Theory and Practice in healthcare. Coventry: NHS Insitute for Innovation and Imporvement; 2008.

11. Burmester H. Gestão da qualidade hospitalar. São Paulo: Saraiva; 2013.

12. Scoville R, Little K. Comparing *lean* and quality improvement. IHI White Papers; 2014.

13. Yu A, Flott K, Chainani N, Fontana G, Darzi A, editors. Patient Safety 2030. Londres: NIHR Imperial Patient Safety Translational Research Centre; 2016.

14. Wachter RM. Compreendendo a segurança do paciente. 2nd ed. Porto Alegre: AMGH Editora; 2013.

15. Institute of Medicine. Medicare: a strategy for quality assurance. Lohr KN, editor. Vol. 1. Washington D.C: The National Academies Press; 1990.

16. Institute of Medicine. Statement on quality of care. Washington D.C: The National Academies Press; 1998.

17. ISO IO for S. Quality management principles. Geneva: iso.org; 2015.

18. Vliet EJ Van, Stewart J, Engel C. Clarifying the concept of external evaluation. Dublin: ISQua; 2021.

19. Donabedian A. Evaluating the quality of medical care. Milbank Mem Fund Q. 1966;44(3):166-206.

20. Slack N, Brandon-Jones A, Johnston R. Administração da produção. 8th ed. São Paulo: Atlas; 2013.

21. Tabrizi JS, Gharibi F, Wilson AJ. Advantages and Disadvantages of Health Care Accreditation Models. Health Promotion Perspective. 2011;1(1):1-31.

22. ISQua. International Society for Quality In Health Care [Internet]. 2020 [cited 2021 Sep 17]. Available from: https://isqua.org/

23. Kavak DG, Öksüz AS, Cengİz C, Kayral İH, Şenel FÇi. The importance of quality and accreditation in health care services in the process of struggle against Covid-19. Turk J Med Sci. 2020;50:1760-70.

24. Boto P, Costa C, Lopes S. e mortalidade. Revista Portuguesa de Saúde Pública. 2008;V.Temático:103-16.

25. DGS PortugalM da SaúdeDG da S. Programa nacional de acreditação em saúde. Lisboa: Direção-Geral da Saúde; 2014.

26. Feldman LB, Alice M, Gatto F, Cristina I, Olm K. História da evolução da qualidade hospitalar: dos padrões a acreditação. ACTA Paulista de Enfermagem. 2005;18(2):213-9.

27. Thereza M, Fortes R, Wargas T, Baptista DF. Acreditação: ferramenta ou política para organização dos sistemas de saúde? ACTA Paulista de Enfermagem. 2012;25(21):626-31.

28. JCI. The Joint Commission International [Internet]. 2021 [cited 2021 Sep 17]. Available from: https://www.jointcommission.org/

29. CHKS. Casper Healthcare Knowledge Service [Internet]. 2021 [cited 2021 Sep 20]. Available from: https://www.chks.co.uk/

30. ACSA. Agência Andaluza de Qualidade da Saúde [Internet]. 2021 [cited 2021 Aug 5]. Available from: https://www.sspa.juntadeandalucia.es/agenciadecalidadsanitaria/

31. Canada A. Accreditation Canada [Internet]. 2021 [cited 2021 Aug 5]. Available from: https://accreditation.ca/

32. ONA. Organização Nacional de Acreditação [Internet]. 2021 [cited 2021 Sep 5]. Available from: https://www.ona.org.br/

33. Portugal. Ministério da Saúde. Direção-Geral da Saúde. Serviço Nacional de Saúde [Internet]. 2021 [cited 2021 Sep 20]. Available from: https://www.sns.gov.pt/noticias/2017/01/06/programa-de-acreditacao/

34. ONA ON de A. A jornada da Acreditação: Série 20 anos. São Paulo: Organização Nacional de Acreditação; 2020.

35. Novaes HDM. História da acreditação hospitalar na América Latina – o caso Brasil. Revista de Administração Hospitalar e Inovação em Saúde - RAHIS. 2015;12(4):49-61.

36. Liker JK. O modelo Toyota: 14 princípios de gestão do maior fabricante do mundo. Porto Alegre: Bookman; 2015.

37. Womack JP, Jondes DT, Roos D. A máquina que mudou o mundo: baseado no estudo do Massachusetts Institute of Technology sobre o futuro do automóvel. 10ª reimpr. Rio de Janeiro: Elsevier; 2004.

38. Shingo S. O sistema Toyota de produção. Porto Alegre: Bookman; 2017.

39. Convis GL, Liker JK. O modelo Toyota de liderança Lean: como conquistar e manter a excelência pelo desenvolvimento de lideranças. Porto Alegre: Bookman; 2013.

40. Zepeda-Lugo C, Tlapa D, Baez-Lopez Y, Limon-Romero J, Ontiveros S, Perez-Sanchez A, et al. Assessing the impact of lean healthcare on inpatient care: A systematic review. Int J Environ Res Public Health. 2020;17(15):1-24.

41. Westwood N, Moore MJ, Cooke M. Going *lean* in the NHS: How *lean* thinking will enable the NHS to get more out of the same resources. NHS Institute of Innovation and Improvement. 2007;24.

42. Rich N, Piercy N. Losing patients: A systems view on healthcare improvement. Production Planning and Control. 2013;24(10-11):962-75.

43. Womack JP, Jones DT. A mentalidade enxuta nas empresas: elimine o desperdício e crie riqueza. 6.ed. Rio de Janeiro: Elsevier; 2004.

44. Cohen RI. *Lean* Methodology in Health Care. Chest. 2018;154(6):1448-54.

45. Womack JP, Jones DT. A mentalidade enxuta nas empresas: elimine o desperdício e crie riqueza. 6.ed. Rio de Janeiro: Elsevier; 2004.

46. Graban M. Hospitais *Lean*: melhorando a qualidade, a segurança dos pacientes e o envolvimento dos funcionários. Porto Alegre: Bookman; 2013.

47. Liker JK. O modelo Toyota: 14 princípios de gestão do maior fabricante do mundo. Porto Alegre: Bookman; 2015.

48. Prestes A. *Lean* em saúde. In: Prestes A, Cirino J, Barbosa R, Oliveira V, editors. Manual do Gestor Hospitalar Vol 2. Brasilia: Federação Brasileira de Hospitais; 2020. p. 130-49.

49. Porter ME, Teisberg EO. Repensando a saúde: estratégias para melhorar a qualidade e reduzir os custos. Porto Alegre: Bookman; 2007.

50. Liker JK, Ogden TN. A crise da Toyota: como a Toyota enfrentou o desafio dos recalls e da recessão para ressurgir mais forte. Porto Alegre: Bookman; 2012.

51. Rother M. Toyota kata: gerenciando pessoas para melhoria, adaptabilidade e resultados excepcionais. Porto Alegre: Bookman; 2010.

52. Deming WE. Qualidade: a revolução da administração. Rio de Janeiro: Marques-Saraiva; 1990.

53. Senger P. La quinta disciplina: el arte y la práctica de la organización abierta al aprendizaje. 2 ed. Buenos Aires: Granica; 2010.

54. Kralj D. Systems thinking and modern green trends. Transactions on Environment and Development. 2009;5(6):415-24.

55. Piercy N, Caldwell N, Rich N. Considering connectivity in operations journals. International Journal of Productivity and Performance Management. 2009;58(7):607-31.

56. The W. Edwards Deming Institute [Internet]. 2021 [cited 2021 Aug 31]. Available from: https://deming.org/optimize-the-overall-system-not-the-individual-components/

57. Deming WE. The New Economics: for industry, government, education. 2nd ed. Cambridge: The MIT Press; 2000.

58. The W. Edwards Deming Institute. The W. Edwards Deming Institute [Internet]. 2021 [cited 2021 May 25]. Available from: https://deming.org/appreciation-for-a-system/

59. Henrique G, Mendes DS, Boucinha T, Mirandola DS. Acreditação hospitalar como estratégia de melhoria : impactos em seis hospitais acreditados. Gestão da Produção. 2015;22(3):636-48.

60. INE. Instituto Nacional de Estatística [Internet]. 2021 [cited 2021 May 19]. Available from: https://www.ine.pt/xportal/xmain?xpgid=ine_main&xpid=INE

61. SNS. Serviço Nacional de Saúde: transparência [Internet]. Lisboa: Ministério da Saúde; 2021 [cited 2021 May 7]. Available from: https://transparencia.sns.gov.pt/

62. SNS. Serviço Nacional de Saúde [Internet]. 2021 [cited 2021 May 18]. Available from: www.transparencia.sns.pt

63. JCI. The Joint Commission International. 2021.

64. CHKS. Casper Healthcare Knowledge Service. 2021.

65. LinkedIn. LinkedIn Corporation [Internet]. 2021. Available from: https://www.linkedin.com/

66. FBH FB de H. Cenário dos Hospitais no Brasil. Brasília: Federação Brasileira; 2020.

67. Merriam SB. Qualitative Research: A Guide to Desing and Implementation. Progress in Electromagnetics Research Symposium. San Francisco: Jossey-Bass; 2009.

68. Cristina A, Silva DA. Qualidade no atendimento hospitalar: Análise de dois modelos internacionais de acreditação. Simpósio Internacional de Gestão de Projetos, Inovação e Sustentabilidade. 2017;VI:1-12.

69. IBES. Instituto Brasileiro para Excelência em Saúde [Internet]. 2021 [cited 2021 Jun 20]. Available from: https://www.ibes.med.br/o-que-e-acsa/#

70. CBA. Consórcio Brasileiro de Acreditação [Internet]. 2021 [cited 2021 Jun 20]. Available from: https://cbacred.org.br/site/o-cba/

71. Gil AC. Métodos e técnicas de pesquisa social. 7 ed. São Paulo: Atlas; 2019.

72. Arnoldi MAGC, Rosa MV de FP do C. A entrevista na pesquisa qualitativa: mecanismos para validação dos resultados. São Paulo: Autêntica; 2007.

73. Braun V, Clarke V. Using thematic analysis in psychology. Qual Res Psychol. 2006;3(2):77-101.

74. Yin RK. Estudo de caso: planejamento e métodos. 5. ed. Porto Alegre: Bookman; 2015.

75. Thereza M, Fortes R, Wargas T, Baptista DF. Acreditação: ferramenta ou política para organização dos sistemas de saúde? ACTA Paulista de Enfermagem. 2012;25(21):626-31.

76. Andres EB, Song W, Schooling CM, Johnston JM. The influence of hospital accreditation: a longitudinal assessment of organisational culture. BMC Health Serv Res. 2019;19(1):1-9.

77. Kousgaard MB, Thorsen T, Due TD. Experiences of accreditation impact in general practice - A qualitative study among general practitioners and their staff. BMC Fam Pract. 2019;20(1):1-13.

78. Sampaio LA, Silva FML, Ramos MHT. The impacts on Hospital Corporate Education with the emergence of COVID-19: an integrative review. Research, Society and Development. 2021;10(1):1-11.

79. Augustsson H, Churruca K, Braithwaite J. Mapping the use of soft systems methodology for change management in healthcare: a scoping review protocol. BMJ Open. 2019;9(4):1-5.

80. Hussein M, Pavlova M, Ghalwash M, Groot W. The impact of hospital accreditation on the quality of healthcare: a systematic literature review. 2021;6:1-12.

81. Régis TKO, Gohr CF, Santos LC. Implementação do *Lean* Healthcare: experiências e lições aprendidas em hospitais brasileiros. Revista de Administração de Empresas / FGV EAESP. 2018;58:30-43.

82. Soliman M, Saurin TA. Uma análise das barreiras e dificuldades em *lean* healthcare. Revista Produção Online. 2017;17(2):620.

83. Abdallah AA. Healthcare Engineering: A *Lean* Management Approach. J Healthc Eng. 2020;2020.

84. Patri R, Suresh M. Factors influencing *lean* implementation in healthcare organizations: An ISM approach. Int J Healthc Manag. 2018;11(1):25-37.

85. Régis T, Santos L, Gohr C. A case-based methodology for *lean* implementation in hospital operations. J Health Organ Manag. 2019;33(6):656-76.

86. Wright P. Strategic planning: a collaborative process. Nurs Manage. 2020;51(4):40-7.

87. Zimmermann G dos S, Siqueira LD, Bohomol E. Aplicação da metodologia *Lean* Seis Sigma nos cenários de assistência à saúde: revisão integrativa. Rev Bras Enferm. 2020;73(suppl 5):1-9.

88. Devkaran S, O'Farrell PN. The impact of hospital accreditation on quality measures: an interrupted time series analysis. BMC Health Serv Res. 2015;15(1).

Apêndice 1

GUIA DA ENTREVISTA SEMIESTRUTURADA

MESTRADO EM GESTÃO DA SAÚDE
GUIÃO DE ENTREVISTA SEMIESTRUTURADA

1. **CARACTERIZAÇÃO DO HOSPITAL**

Nome:_____

Localização:_____

Público ( ) Privado ( ) Outro ( )_____

Nº de camas: _____

Data da entrevista:

Função do entrevistado:

Hora início da entrevista: _____

Hora fim da entrevista:_____

2. **INTRODUÇÃO**

Apresentação da investigadora, do projeto de pesquisa e dos objetivos da entrevista.

3. **COMPOSIÇÃO DA ENTREVISTA**

A entrevista foi composta por perguntas norteadoras de acordo com os objetivos do estudo, distribuídas em quatro focos de abordagem: 1) Acreditação; 2) *Lean*; 3) A acreditação e o *lean* e; 4) Conclusão.

Focos de abordagem	Perguntas norteadoras
1. Acreditação	1. Qual a instituição acreditadora?
	2. Em que data iniciaram os trabalhos para a acreditação e em qual data foram acreditados pela primeira vez? Acreditação total, parcial, provisória?
	3. Qual a motivação/objetivo para buscar a acreditação?
	4. Existiu divulgação interna da acreditação e de seu objetivo?
	5. Existe profissional responsável e com dedicação exclusiva para a condução do trabalho para a acreditação?
	6. Existem outros profissionais dedicados à gestão da Qualidade?
	7. Como foi a história da implementação da acreditação?
	8. Utilizam algum método ou ferramentas específicas para a implantação das melhorias necessárias à acreditação? Exemplos: 5W2H, Ishikawa, PDSA, Gestão da Qualidade Total, outras?
	9. Existiu treinamento sobre a acreditação para todos os profissionais do hospital?
	10. Encontraram barreiras para a execução do trabalho voltado à acreditação?
	11. No caso da existência de barreiras, como ultrapassaram?
	12. Quais foram os principais benefícios da acreditação?
	13. Como realizam o controle/monitorização dos resultados?
2. *Lean*	14. Quando a instituição começou a usar o *lean*?
	15. Foi em um serviço ou em processo específico?
	16. Qual foi a motivação/objetivo para o uso do *lean*?
	17. Existiu/existe divulgação interna sobre o objetivo do *lean* no hospital?
	18. Existiu/existe treinamento aos profissionais do hospital sobre o *lean*?
	19. Como foi a experiência do primeiro projeto *lean*?
	20. Existe profissional responsável pela condução do trabalho relacionado ao *lean*?
	21. Encontraram ou encontram barreiras para a execução do trabalho voltado ao *lean*?
	22. No caso da existência de barreiras, como ultrapassaram/ultrapassam?
	23. Quais foram os resultados da implementação do *lean* até o momento?
	24. Como realizam o controle/monitorização dos resultados?
	25. Como ocorre a decisão para iniciar novos projetos *lean*?
	26. Deveriam existir mais iniciativas *lean* no hospital?

Focos de abordagem	Perguntas norteadoras
3. A acreditação e o *lean*	27. Existe alguma integração entre as ações do *lean* e os processos da acreditação?
	28. Os profissionais responsáveis pela acreditação participam da estruturação e acompanham a execução das ações do *lean?* E os profissionais do *lean* são incluídos nos processos da acreditação?
	29. Os projetos *lean* interferem nos resultados da acreditação?
	30. Como o *lean* pode auxiliar os ciclos de melhoria contínua da acreditação?
	31. Existe barreira interna para integrar o *lean* aos processos da acreditação? Caso existam, como podem ser superadas?
	32. Existem facilitadores internos para integrar o *lean* aos processos da acreditação?
	33. Sob o seu ponto de vista, existem benefícios com a integração do *lean* aos processos da acreditação?
4. Conclusão	34. Deseja acrescentar algum ponto que não foi abordado? Existe mais alguém que considera que deveria ser entrevistado?

Fonte: Elaboração da autora.

Apêndice 2

QUADRO COM OS PRINCIPAIS PONTOS EXTRAÍDOS DOS EXCERTOS DAS ENTREVISTAS

Tema central	Subtema	Participantes portugueses	Participantes brasileiros
Acreditação	Motivo	Contrato – conhecimento	Exigir mais qualidade – profissionalização – padrões reconhecidos
	Equipe	Consultoria externa – equipe interna – comissão	Equipe interna – comitês – gestão centralizada
	Treinamentos	Formação em cascata – educação continuada	Processo educativo – informativo e específico – educação focada
	Barreiras	Processo documental – médicos – falta de cultura da qualidade	Mudança de cultura – corpo clínico – equipe *backoffice*
	Facilitadores	As lideranças – comunicação	Treinamento/método/ comunicação – explicar o motivo – visão multiprofissional
	Controles	Indicadores – *report* de ocorrências – base de dados digital	Evidências – avaliação interna e externa – indicadores
	Métodos e ferramentas	PDCA	MASP e PDCA – avaliação multiprofissional – modelo próprio adaptado
	Benefícios	Aos pacientes – melhoria contínua – cultura da qualidade	Melhoria contínua – cultura da qualidade – redução de danos

Tema central	Subtema	Participantes portugueses	Participantes brasileiros
Lean	Início	No ano passado – quando vimos estava lá	Ano 2015 – 8 a 10 anos atrás – em 2017, aproximadamente
	Motivo	Covid – decisão do conselho	Entender como funciona – método de melhoria – gerir a cadeia de valor
	Treinamentos/ divulgação	Ao maior número de pessoas – não houve treinamento e divulgação	Treinamentos pontuais – formações internas – processo de educação
	Benefícios	Envolvimento das pessoas – identi-ficar problemas e desperdícios	Visão/foco no cliente – integrou o método de trabalho – cultura
	Barreiras	Sentimento de intromissão – não alinhado ao setor qualidade	Resistência à mudança – postura reativa – não entendimento das equipes
	Ultrapassar barreiras	Aceitaram por ser decisão do conse-lho – as barreiras permanecem	Integração à estratégia – suporte técnico – explicar o porquê
	Controle	Reuniões e indi-cadores – não há acompanhamento	Gestão de indicadores – método de medi-ção – grupos focados e indicadores
	Profissional responsável	Consultoria externa/gestor da Qualidade – gestor da Qualidade não participa	Consultoria externa – equipe da Qualidade – gestão da Qualidade
	Mais projetos lean	Sim, com profis-sionais-chave para implantá-los – sem opinião	Sim, incorporar pen-samento lean – várias oportunidades – com condução

A JORNADA *LEAN* NA ACREDITAÇÃO HOSPITALAR

Tema central	Subtema	Participantes portugueses	Participantes brasileiros
Acreditação e *lean*	A integração do *lean* à acreditação	Fazem parte de um processo de melhoria, são perfeitamente levantados e integrados – não há	O *lean* vai em paralelo à acreditação – discussão com a equipe a partir do objetivo – acreditação é gestão de projetos e pode usar o *lean*
	Barreiras para integrar o *lean* à acreditação	Não fazer parte da estratégia do hospital e não ser conduzido pela equipe da Qualidade	O uso pontual do *lean* – escolher o que é melhor para cada objetivo de melhoria – a ciência da melhoria como abordagem principal
	Benefícios de integrar o *lean* à acreditação	Resultados positivos: muda a forma com que os profissionais olham os processos – sem evidências	O *lean* ajuda a consolidar a gestão da qualidade e fazer gestão da rotina – o trabalho multidisciplinar – implementar a cultura da melhoria

Fonte: Elaboração da autora.